Chainer v2

Deep Learning による with Chainer v2

実践深層学習
ディープラーニング

新納浩幸 [著]
Shinnou Hiroyuki

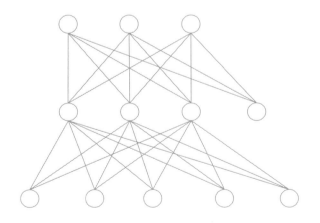

Ohmsha

本書に掲載されている会社名・製品名は、一般に各社の登録商標または商標です。

本書を発行するにあたって、内容に誤りのないようできる限りの注意を払いましたが、本書の内容を適用した結果生じたこと、また、適用できなかった結果について、著者、出版社とも一切の責任を負いませんのでご了承ください。

本書は、「著作権法」によって、著作権等の権利が保護されている著作物です。本書の複製権・翻訳権・上映権・譲渡権・公衆送信権（送信可能化権を含む）は著作権者が保有しています。本書の全部または一部につき、無断で転載、複写複製、電子的装置への入力等をされると、著作権等の権利侵害となる場合があります。また、代行業者等の第三者によるスキャンやデジタル化は、たとえ個人や家庭内での利用であっても著作権法上認められておりませんので、ご注意ください。
本書の無断複写は、著作権法上の制限事項を除き、禁じられています。本書の複写複製を希望される場合は、そのつど事前に下記へ連絡して許諾を得てください。

(社)出版者著作権管理機構
(電話 03-3513-6969, FAX 03-3513-6979, e-mail: info@jcopy.or.jp)

JCOPY ＜(社)出版者著作権管理機構 委託出版物＞

はじめに

　本書は Deep Learning のフレームワークである Chainer を使って、複雑なネットワークの実装方法を解説したものです。

　Chainer は PFI/PFN（株式会社 Preferred Infrastructure ／株式会社 Preferred Networks）が開発し、2015 年 6 月に公開したフレームワークです。もう 2 年近く経ちますが、まだ「新しいフレームワーク」と言えると思います。Chainer が登場する以前にも Caffe、Pylearn2、Torch7 など多くの Deep Learning のフレームワークが存在していましたが、Chainer はそれらとは全く異なる設計思想で作られています。技術的な特徴は色々ありますが、利用者側から見たその最大の特徴は、「複雑なネットワークに対するプログラムを簡単に作ることができる」ことであると思います。Chainer 以前のフレームワークが対象とできるネットワークは、例題レベルの域を超えない、つまり例題のネットワークの層の数やノードの数あるいは活性化関数を変更するなどした、既存のネットワークを少し変更したフィードフォワードのネットワークしか対象にできないと思います。おそらく細かく調べていけばできるのでしょうけれども、それはかなり面倒で、そんなことをするならスクラッチからコードを書いても大差ない気がします。

　ネットワークが単純であれ、複雑であれ、それは結局は関数です。そして学習が行うのはその関数のパラメータ推定です。これは「回帰」と呼ばれる問題です。またその推定法としては最急降下法が基本であり、誤差逆伝播法も最急降下法の一種です。この枠組みさえ理解していれば、独自のネットワークを定義し、そのパラメータの学習に Chainer を利用するのは簡単です。

　『Chainer による実践深層学習』は上記の点を念頭に 2016 年 7 月に執筆が開始され、2016 年 9 月に出版されました。本書『Chainer v2 による実践深層学習』は

はじめに

前著の改訂増補版という位置付けの本です。

前著はかなり短い執筆期間でしたが、それには理由がありました。Chainer はバージョンアップが激しく、どんどん進化していきます。そのため解説本を出してもすぐにバージョンが上がり、内容が陳腐化することが予想されたためです。実際、前著が対象とした Chainer のバージョンは 1.10 でしたが、1 年も経たないうちにバージョンは 1.24 まで上がり、2017 年 6 月には、ついにバージョン 2.0 が公開されました。前著で狙いとした点はバージョンが上がっても問題はありませんが、サンプルとして示したコードには、修正が必要であったり、少し原始的すぎる部分が生じてきました。今は「もっと簡単に行う方法がある」という場面がいくつかあります。例えば Trainer がそのひとつです。また当然新たな関数も開発され、その関数を使うほうが簡単で効率が良いということも出てきました。例えば NStepLSTM がそのひとつです。また前著では畳み込みニューラルネットワークについてはあえて触れなかったのですが、自然言語処理の分野でも使われ出したので、解説しておいたほうがよいと思うようになってきました。

このような背景から本書を執筆しました。「ネットワークの学習は回帰であり、Chainer を使えばそのプログラムは簡単に作れる」という前著の狙いは不変です。はじめて Deep Learning のプログラムを作る人や、Chainer にはじめて触れる人にとって参考になると思います。

前著同様、本書では NumPy の使い方や、ニューラルネットの基本事項をおさらいした後に、Chainer の基本的な使い方を示します。標準的な分類問題や回帰の問題に対しては Trainer を利用したほうが簡単なので、Trainer の使い方も示します。

次に AutoEncoder を題材にして、Chainer の使い方を確認します。

続いて、Deep Learning のブレイクのきっかけとなった、畳み込みニューラルネットを解説します。畳み込みの解説が主であり、サンプルコードは小さなネットワークです。ただ、これを理解して応用すれば、もっと巨大なネットワークも構築できると思います。

次に自然言語処理の研究分野でよく使われる word2vec、RNN（Recurrent Neural Network）および翻訳モデルを解説し、それらのシステムを Chainer で実装してみます。どのシステムも通常のフィードフォワードなネットワークとは異なり、複雑です。このような複雑なネットワークに対して、どのようにプログラムを構築していくかを見ることは、既存にない複雑なネットワークのプログラ

ムを作る際の参考になると思います。

　また、Caffe で作られたモデルを Chainer で利用する例を示します。新しいモデルを構築したいわけではなく、既存の学習結果（つまり構築されたモデル）だけを fine-tuning などに使いたい場合に、参考になると思います。

　そして Chainer は GPU（Graphics Processing Unit）に対応していますが、本書はプログラムの作り方に焦点を当てているので、コードが複雑化しないよう GPU については考慮していません。とは言え、現在 Deep Learning の実装に GPU の利用は不可欠です。筆者の環境の一例ではありますが、最後に GPU の利用についても記しました。

　最後に注意として、本書のコードをそのまま実務に利用するのは避けてください。本書の目的は、Chainer を使って複雑なネットワークの実装方法を解説することであり、自力で実装できるようになることを目標にしています。そのため、アルゴリズムや記述方法がわかりやすくなるように、あえて冗長に書いている部分もありますし、効率を無視した形になっていることも多々あります。それに、Deep Learning のプログラムにはメタパラメータや Tips が多く、実際に利用するためには細かい調整が必要です。GPU の利用も含めて実際に利用するには、ここでのコードを土台にして自分なりに改良する必要があります。

　本書が多くの人の参考になることを願っています。

2017 年 8 月

新　納　浩　幸

目　次

はじめに iii

第0章　Chainerとは 1

第1章　NumPyで最低限知っておくこと 5
1.1　配列の生成 6
1.2　配列の加工 10
1.3　配列に対する演算 13
1.4　配列の保存と読み出し 16

第2章　ニューラルネットのおさらい 19
2.1　モデル 20
2.2　確率的勾配降下法と誤差逆伝播法 23
2.3　ミニバッチ 26
2.4　分類問題への応用 27

第3章　Chainerの使い方 29
3.1　計算グラフと順伝播・逆伝播 30
3.2　基本オブジェクト 32
3.2.1　Variable 33
3.2.2　functions 35
3.2.3　links 36
3.3　Chainクラス 37
3.4　optimizers 39

第4章　Chainerの利用例 41
4.1　全体図 42
4.2　Irisデータ 43
4.3　基本的なプログラム 45

4.4	ミニバッチ	47
4.5	誤差の累積	48
4.6	softmax	49
4.7	softmax cross entropy	50
4.8	ロジスティック回帰	51

第5章　Trainer ... 53

5.1	Trainerを利用する場合の全体図	54
5.2	tuple data set	55
5.3	学習部分	55
5.4	iteratorsのみの使用	57

第6章　Denoising AutoEncoder ... 59

6.1	AutoEncoder（AE）	60
6.2	Denoising AutoEncoder（DAE）	63

第7章　Convolution Neural Network ... 65

7.1	NNとCNN	66
7.2	畳み込み	67
7.3	プーリング	70
7.4	学習の対象	71
7.5	NNによる画像識別	71
7.6	CNNによる画像識別	73

第8章　word2vec ... 77

8.1	分散表現	78
8.2	モデルの式	79
8.3	計算のためのネットワーク	82
8.4	Chainerによるword2vecの実装	84
8.5	システムから提供されている関数の利用	91

第9章　Recurrent Neural Network ... 93

9.1	時系列データに対するRNN	94

- **9.2** 言語モデル 96
- **9.3** RNNLM のネットワーク 97
- **9.4** Chainer による RNNLM の実装 98
- **9.5** 言語モデルの評価 102
- **9.6** LSTM 105
- **9.7** Chainer による LSTM の実装 114
- **9.8** システムから提供されている関数の利用 120
- **9.9** GRU 123
- **9.10** RNN のミニバッチ処理 125
- **9.11** NStepLSTM によるミニバッチ処理 128

第 10 章　翻訳モデル 133
- **10.1** Encoder-Decoder 翻訳モデル 134
- **10.2** 訓練データの準備 135
- **10.3** Chainer による Encoder-Decoder 翻訳モデルの実装 136
- **10.4** 翻訳処理 140
- **10.5** Attention の導入 142

第 11 章　Caffe のモデルの利用 149
- **11.1** Caffe のモデルの取得 150
- **11.2** Chainer からの Caffe のモデルの利用 150
- **11.3** 入力データの処理 151
- **11.4** 出力データの処理 156
- **11.5** GoogLeNet の利用 157

第 12 章　GPU の利用 161
- **12.1** GPU 対応 162
- **12.2** GPU の選択 163
- **12.3** CUDA のインストール 164
- **12.4** cuDNN のインストール 166
- **12.5** CuPy 167
- **12.6** GPU 導入の効果の確認 169
- **12.7** Chainer での GPU の利用方法 170

参考文献 174
ソースプログラム 177
索　引 194

本書のサンプルコードはオーム社のWebページよりダウンロードできます。
http://www.ohmsha.co.jp/

第0章

Chainerとは

第 0 章 Chainer とは

　Chainer は PFI/PFN（株式会社 Preferred Infrastructure ／株式会社 Preferred Networks）が開発する Deep Learning のフレームワークであり、2015 年 6 月に MIT ライセンスに基づくフリーソフトウェアとして以下のサイトで公開されています。

　　https://chainer.org/

図 1　Chainer のホームページ

　基本、Linux 上で動かすことを想定しており、推奨されているプラットホームは Ubuntu 14.04/16.04 LTS 64bit および CentOS 7 64bit です。いずれかの環境であれば、インストールは容易です。
　上記ページの「GET STARTED」のボタンをクリックすると、インストール方法が示されます。といっても、以下の 1 行があるだけです。

　　pip install chainer

このコマンドの意味を知っているくらいの方なら、このコマンドだけでインストールできるでしょう。上記のコマンドでうまくいかないときは、以下のページを参照してください。

https://docs.chainer.org/en/stable/install.html

本書で利用している Chainer のバージョンは、2.0.0 です[注1]。次のようにして確認できます。

```
>>> import chainer
>>> chainer.__version__
'2.0.0'
```

もし皆さんの使っている Chainer のバージョンが最新でない場合は、以下のコマンドでアップグレードできます。メジャー番号が変わらない限り、後方互換になっているはずですから、最新のものにしておくのがよいでしょう。

pip install -U chainer

前述したように、Chainer は Deep Learning のフレームワークですが、もっと直接的に Deep Learning のプログラムを作るための Python のライブラリと捉えることもできます。

開発者の以下のブログ記事に、Chainer の特徴が端的にまとめられています。

https://research.preferred.jp/2015/06/deep-learning-chainer/

- Python のライブラリとして提供（要 Python 2.7+）
- あらゆるニューラルネットの構造に柔軟に対応
- 動的な計算グラフ構築による直感的なコード
- GPU をサポートし、複数 GPU を使った学習も直感的に記述可能

注1　2017 年 6 月 5 日執筆時点。

第 0 章　Chainer とは

まさしくこのとおりのもので、Chainer の特徴についてはこれ以上の説明は必要ありません。

第 **1** 章

NumPyで最低限知っておくこと

Pythonでデータ解析のプログラムを書く際には、NumPyというパッケージが利用されます。簡単に言えば、NumPyは配列[注1]を効率的に扱うためのデータ構造とその上での演算群を提供しています。NumPyの基本的な使い方を知らないと、Pythonでデータ解析のプログラム、もちろんDeep Learningのプログラムを書くことができません。ここではNumPyについて最低限知っておかなければならないことをまとめておきます。

NumPyはpipを使えば簡単にインストールできます。

```
> pip install numpy
```

Pythonの中でNumPyを利用するには、numpyをインポートします。

```
>>> import numpy as np
```

1.1 配列の生成

配列のデータ構造（型）はarrayです。要素が1, 2, 3, 4, 5となっている配列（大きさ5のベクトル）は、以下のように作成します。これが基本です。

```
>>> np.array([1,2,3,4,5])
array([1, 2, 3, 4, 5])
```

要素のリストを渡します。要素が0, 1, 2, ..., 9となっている配列は以下のように作成します。

```
>>> np.array(range(10))
array([0, 1, 2, 3, 4, 5, 6, 7, 8, 9])
```

注1　1次元の配列がベクトル、2次元の配列が行列です。

上記を略したものが以下です。

```
>>> np.arange(10)
array([0, 1, 2, 3, 4, 5, 6, 7, 8, 9])
```

2×3の配列（2行3列の行列）は以下のように作成します。行のリストを要素としたリストを渡します。

```
>>> np.array([[0,1,2],[3,4,5]])
array([[0, 1, 2],
       [3, 4, 5]])
```

配列の形を変えたいときは reshape を使います。

```
>>> np.arange(6).reshape(2,3)
array([[0, 1, 2],
       [3, 4, 5]])
```

上記では1次元の配列を2×3の配列に変えました。変更前の元になる配列は1次元である必要はありません。

```
>>> a = np.arange(6).reshape(2,3)
>>> a
array([[0, 1, 2],
       [3, 4, 5]])
>>> a.reshape(3,2)
array([[0, 1],
       [2, 3],
       [4, 5]])
```

また、変更先の配列の形は3次元以上でもよいです。

```
>>> np.arange(27).reshape(3,3,3)
```

```
array([[[ 0,  1,  2],
        [ 3,  4,  5],
        [ 6,  7,  8]],

       [[ 9, 10, 11],
        [12, 13, 14],
        [15, 16, 17]],

       [[18, 19, 20],
        [21, 22, 23],
        [24, 25, 26]]])
```

配列の形を知りたいときは shape を、配列の要素数だけを知りたいときは size を、それぞれ使います。

```
>>> a = np.arange(60).reshape(10,6)
>>> a.shape    # 配列の形
(10, 6)
>>> a.size     # 要素数
60
```

行列の行数や列数は shape から取り出せます。

```
>>> nrow, ncol = a.shape    # 行数、列数の取り出し
```

以上のことだけ知っていれば配列の生成は可能ですが、もう少し効率的に書くために、以下の関数も知っておいたほうがよいでしょう。

```
# 0.0（実数）が5個ある配列
>>> np.zeros(5)
array([ 0.,  0.,  0.,  0.,  0.])

# 1.0（実数）が5個ある配列
>>> np.ones(5)
```

```
array([ 1.,  1.,  1.,  1.,  1.])
```

0.0 や 1.0 で初期化しないで、単に指定の大きさの配列だけを作りたい場合は、empty を使います。

```
>>> np.empty(5)
array([4.28587719e-317, 2.50013916e-315, 4.28593647e-317,
       4.28565189e-317, 4.28588904e-317])
```

また、乱数の配列も必要なことがあります。以下は標準正規分布からの 5 つの乱数を要素とした配列を生成します。

```
>>> np.random.randn(5)
array([-0.89329388, -0.21069465,  0.2492592 ,
       -0.25109675, -0.34499488])
```

randn の部分が分布です。2 項分布なら binomial、ポアソン分布なら poisson といったように使います。通常は一様分布 uniform と正規分布 normal だけ知っていれば問題ありません。

```
# 区間 (0,1) の一様分布に従う乱数を 3 個生成
>>> np.random.uniform(0,1,3)
array([ 0.38991823,  0.78536285,  0.05736855])
>>> np.random.normal(1.5,2.0,3)
# 平均1.5, 標準偏差2 の正規分布に従う乱数を 3 個生成
array([ 4.33490939,  1.47686956,  2.79181854])
```

分布は色々あるので、必要に応じて調べてください。

また、配列の要素をシャッフルした配列を作ることもよくあります。

```
>>> np.random.permutation(range(6))
array([3, 2, 5, 0, 1, 4])
>>> np.random.permutation(6)     # 上記の省略形
```

```
array([5, 2, 3, 4, 1, 0])
```

同じようなメソッドとして shuffle もありますが、これは配列を破壊的に並べ替えるので、通常は permutation を使うほうが安全です。

また、行列関係としては単位行列の作り方も知っておいたほうがよいでしょう。

```
>>> np.identity(5)
array([[ 1.,  0.,  0.,  0.,  0.],
       [ 0.,  1.,  0.,  0.,  0.],
       [ 0.,  0.,  1.,  0.,  0.],
       [ 0.,  0.,  0.,  1.,  0.],
       [ 0.,  0.,  0.,  0.,  1.]])
```

1.2 配列の加工

a と b を 2×3 の配列とします。a の右に b を連結させて 2×6 の配列を作るには hstack、a の下に b を連結させて 4×3 の配列を作るには vstack を使います。

```
>>> a = np.arange(6).reshape(2,3)
>>> a
array([[0, 1, 2],
       [3, 4, 5]])
>>> b = np.arange(6,12).reshape(2,3)
>>> b
array([[ 6,  7,  8],
       [ 9, 10, 11]])
>>> np.hstack([a,b])
array([[ 0,  1,  2,  6,  7,  8],
       [ 3,  4,  5,  9, 10, 11]])
>>> np.vstack([a,b])
array([[ 0,  1,  2],
       [ 3,  4,  5],
       [ 6,  7,  8],
```

```
      [ 9, 10, 11]])
```

2次元の配列（行列）のある行や列を取り除いた配列を作ったり、逆に取り除く行や列からなる配列を作ったりする操作は重要です。リストのスライスの操作ができれば、これらは容易です。

例として、5×6の配列から2行目と4行目を取り除いた3×6の配列を作ってみます。

```
>>> a = np.arange(30).reshape(5,6)
>>> a
array([[ 0,  1,  2,  3,  4,  5],
       [ 6,  7,  8,  9, 10, 11],
       [12, 13, 14, 15, 16, 17],
       [18, 19, 20, 21, 22, 23],
       [24, 25, 26, 27, 28, 29]])
>>> a[[0,2,4],:]
array([[ 0,  1,  2,  3,  4,  5],
       [12, 13, 14, 15, 16, 17],
       [24, 25, 26, 27, 28, 29]])
```

2列目と4列目を取り除いた5×4の配列を作るには、以下のようにします。

```
>>> a[:,[0,2,4,5]]
array([[ 0,  2,  4,  5],
       [ 6,  8, 10, 11],
       [12, 14, 16, 17],
       [18, 20, 22, 23],
       [24, 26, 28, 29]])
```

逆に、2列目と4列目からなる5×2の配列を作るには、[0,2,4,5]の部分が[1,3]になるだけです。

```
>>> a[:,[1,3]]
array([[ 1,  3],
```

```
       [ 7,  9],
       [13, 15],
       [19, 21],
       [25, 27]])
```

ある条件にあった値を別の値に置き換えるには以下のようにします。ここでは偶数の値を -1 に置き換えています。

```
>>> a[a % 2 == 0] = -1
>>> a
array([[-1,  1, -1,  3, -1,  5],
       [-1,  7, -1,  9, -1, 11],
       [-1, 13, -1, 15, -1, 17],
       [-1, 19, -1, 21, -1, 23],
       [-1, 25, -1, 27, -1, 29]])
```

配列のコピーは通常はポインターのコピーなので、コピー先の配列を変更すると、元の配列も変更されてしまいます。

```
>>> a = np.arange(6).reshape(2,3)
>>> a
array([[0, 1, 2],
       [3, 4, 5]])
>>> b = a
>>> b[0,1] = 6    # コピー先を変更
>>> b
array([[0, 6, 2],
       [3, 4, 5]])
>>> a              # コピー元の配列も変更されている
array([[0, 6, 2],
       [3, 4, 5]])
```

ポインターのコピーではなく、実体をコピーするには copy を利用します。

```
>>> a = np.arange(6).reshape(2,3)
```

```
>>> b1 = a.copy()       # 実体をコピー
>>> b2 = np.copy(a)     # これも実体のコピー
>>> b1[0,1] = 6         # コピー先を変更
>>> b2[0,1] = 6         # コピー先を変更
>>> a                   # コピー元の配列は変更されていない
array([[0, 1, 2],
       [3, 4, 5]])
```

1.3 配列に対する演算

まず押さえておかなければならないことは、「配列に対して数値に関する演算を適用させると、配列内の全ての数値にその演算が適用される」ということです。これはベクトル演算の基本です。ただし、その演算は通常のパッケージ math で定義されているものではなく、NumPy で定義されている演算でなくてはいけません。

```
>>> a = np.arange(1,7).reshape(2,3)
>>> a
array([[1, 2, 3],
       [4, 5, 6]])
>>> a + 1          # 四則演算はそのままできる
array([[2, 3, 4],
       [5, 6, 7]])
>>> a**2           # 2乗もそのままできる
array([[ 1,  4,  9],
       [16, 25, 36]])
>>> np.log(a)   # log は math.log ではなく、np.log
array([[ 0.        ,  0.69314718,  1.09861229],
       [ 1.38629436,  1.60943791,  1.79175947]])
```

数値の集合（ベクトルと見なせる）に対する演算は、配列の全要素に対するものになります。配列の形がどうであれ、いったん 1 次元の配列（ベクトル）になると考えておけばよいでしょう。

```
>>> np.sum(a)    # 全要素の和
21
>>> np.mean(a)   # 全要素の平均
3.5
```

軸を固定して演算することもできます。2次元の場合、「軸を固定する」とは、行あるいは列ごとに演算することに対応します。axis=0 を付けると列ごとに、axis=1 を付けると行ごとに演算します。

```
>>> np.sum(a, axis=0)    # 列ごとの和
array([5, 7, 9])
>>> np.sum(a, axis=1)    # 行ごとの和
array([ 6, 15])
```

数値やその集合に対する演算もたくさんあるので、必要に応じて調べてください。

続いて行列に対する演算です。まず、サイズが同じ行列の四則演算は要素ごとに行われます。

```
>>> a = np.arange(6).reshape(2,3)
>>> a
array([[0, 1, 2],
       [3, 4, 5]])
>>> b = np.arange(6,12).reshape(2,3)
>>> b
array([[ 6,  7,  8],
       [ 9, 10, 11]])
>>> a + b    # 足し算
array([[ 6,  8, 10],
       [12, 14, 16]])
>>> a - b    # 引き算
array([[-6, -6, -6],
       [-6, -6, -6]])
>>> a * b    # かけ算
array([[ 0,  7, 16],
```

```
        [27, 40, 55]])
>>> a / b     # 割り算（整数どうしの割り算に注意）
array([[0, 0, 0],
       [0, 0, 0]])
```

次に行列の演算で重要なのは、行列の積です。ベクトルに対しては内積になります。

```
>>> a = np.arange(4)
>>> a
array([0, 1, 2, 3])
>>> b = np.arange(4,8)
>>> b
array([4, 5, 6, 7])
>>> a.dot(b)    # 配列が1次元（ベクトル）のときは内積
38
>>> a = np.arange(6).reshape(2,3)
>>> a           # 2行3列の行列
array([[0, 1, 2],
       [3, 4, 5]])
>>> b = np.arange(6).reshape(3,2)
>>> b           # 3行2列の行列
array([[0, 1],
       [2, 3],
       [4, 5]])
>>> a.dot(b)    # 行列のかけ算
array([[10, 13],
       [28, 40]])
```

また、行列の演算に関しては逆行列、転置行列、行列式、固有値が重要です。

```
>>> a = np.array([[0,6,3],[-2,7,2],[0,0,3]])
>>> a
array([[ 0,  6,  3],
       [-2,  7,  2],
       [ 0,  0,  3]])
```

```
>>> a.T                         # 転置行列
array([[ 0, -2,  0],
       [ 6,  7,  0],
       [ 3,  2,  3]])
>>> np.linalg.det(a)            # 行列式
36.0                            # 0でないので逆行列がある
>>> np.linalg.inv(a)            # 逆行列
array([[ 0.58333333, -0.5       , -0.25      ],
       [ 0.16666667,  0.        , -0.16666667],
       [ 0.        ,  0.        ,  0.33333333]])
>>> la, v = np.linalg.eig(a)    # 固有値と固有ベクトル
>>> la
array([ 3.,  4.,  3.])          # 固有値
>>> v                           # 固有ベクトル
array([[-0.89442719, -0.83205029,  0.43643578],
       [-0.4472136 , -0.5547002 , -0.21821789],
       [ 0.        ,  0.        ,  0.87287156]])
```

1.4 配列の保存と読み出し

多大な計算コストをかけて作った配列も、プログラムが終了すればメモリから消えてしまいます。もう一度作るのに、再度多大な計算コストをかけるのは効率がよくありません。このような場合、配列のイメージをファイルに保存しておき、別プログラムでそのファイルから配列のイメージを読み出すようにします。

pickle を使えば、配列に限らずどのようなオブジェクトでも保存とその読み出しができます。

```
>>> a = np.random.randn(10000).reshape(100,100)
>>> a
array([[  7.44399780e-01,   2.33218034e+00,   ...,
          1.34792915e+00,  -7.81493561e-01],
       [  4.45931378e-01,   1.53038724e+00,   ...,
          7.05434461e-01,  -1.82279009e+00],
       [ -1.24952092e+00,   2.01394421e-01,   ...,
          2.08654508e+00,  -1.67717136e+00],
```

1.4 配列の保存と読み出し

```
             ...,
           [  1.69618572e+00,   4.39548063e-02,   ...,
             -2.71672527e-02,  -8.68962312e-02],
           [  8.18006708e-01,   1.93145788e+00,   ...,
              3.21227532e-04,   5.14777810e-01],
           [  1.02043204e-02,  -4.97362556e-01,   ...,
             -9.42025754e-01,   4.16687820e-01]])
>>> import pickle
>>> f = open('a.pkl','w')
>>> pickle.dump(a,f)
>>> f.close()
```

上記で配列 a のイメージがファイル a.pkl に書き出されます。一度 python を終了し、再度立ち上げて、先のファイルから配列 a を読み出してみます。

```
>>> import numpy as np
>>> import pickle
>>> f = open('a.pkl','r')
>>> a = pickle.load(f)
>>> f.close()
>>> a
array([[  7.44399780e-01,   2.33218034e+00,   ...,
          1.34792915e+00,  -7.81493561e-01],
       [  4.45931378e-01,   1.53038724e+00,   ...,
          7.05434461e-01,  -1.82279009e+00],
       [ -1.24952092e+00,   2.01394421e-01,   ...,
          2.08654508e+00,  -1.67717136e+00],
        ...,
       [  1.69618572e+00,   4.39548063e-02,   ...,
         -2.71672527e-02,  -8.68962312e-02],
       [  8.18006708e-01,   1.93145788e+00,   ...,
          3.21227532e-04,   5.14777810e-01],
       [  1.02043204e-02,  -4.97362556e-01,   ...,
         -9.42025754e-01,   4.16687820e-01]])
```

pickle は汎用的に使えますが、NumPy の配列用には save と load、あるいは savetxt と loadtxt があります。

```
>>> np.save('a.npy',a)          # バイナリで保存
>>> b = np.load('a.npy')        # その読み出し
```

```
>>> np.savetxt('a.data',a)      # テキストで保存
>>> b = np.loadtxt('a.data')    # その読み出し
```

ファイル a.data 内には、行列の各行がスペース区切りで記載されています。つまり、このようなファイルに書かれているデータを読み込んで、プログラム内で配列を作りたい場合にも loadtxt が使えます。

また、Chainer では学習できたモデルの保存と読み込みのために、serializers が提供されています。基本的に保存は以下の形です。

```
serializers.save_npz(filename, model)
```

読み込みは以下の形です。

```
serializers.load_npz(filname, model)
```

第2章

ニューラルネットのおさらい

第 2 章 ニューラルネットのおさらい

本章では Deep Learning の基礎となるニューラルネット（以下 NN）について、その概要を説明します。

2.1 モデル

NN は、基本的には、m 次元のベクトル $\boldsymbol{x}$ を n 次元のベクトル $\boldsymbol{y}$ に写す関数 f を推定する学習手法です。

$$\boldsymbol{y} = f(\boldsymbol{x}) \qquad s.t \ \ \boldsymbol{x} \in R^m, \boldsymbol{y} \in R^n$$

NN では f のモデルとして、図 2.1 に表されるようなネットワークを設定します。図 2.1 は 3 層のネットワークになっており、最下段の層は入力層、真ん中の層は中間層（隠れ層）、そして最上段の層は出力層と呼ばれます。入力層のユニットは $m+1$ 個、中間層のユニットは $h+1$ 個、そして出力層のユニットは n 個あります。

また、ユニット間にはエッジが存在し、エッジには重みとなる実数値が付けられています。入力層と中間層にある $\boldsymbol{b}^{(1)}$ と $\boldsymbol{b}^{(2)}$ はバイアスと呼ばれます。バイアスのユニットからユニット i 間には $b_i^{(1)}$ や $b_i^{(2)}$ という重みが付けられています。バイアスの出力はこの重みになります。つまり、バイアスのユニットへの入力が 1 に固定されていると考えてもよいです。入力層のユニット i から中間層のユニット k には $w_{ki}^{(1)}$ という重み、中間層のユニット k から出力層のユニット j には $w_{jk}^{(2)}$ という重みが付いています[注1]。

注1　添え字の順に注意してください。a から b のとき w_{ba} です。

2.1 モデル

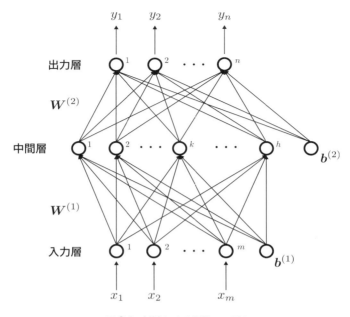

図 2.1 NN による関数のモデル

入力層のユニット i には、入力であるベクトル $\boldsymbol{x}$ の第 i 次元目の値である x_i が入力されます。そして x_i に重み $w_{ki}^{(1)}$ が乗じられて、中間層のユニット k に入力されます。中間層のユニット k には、入力層の各ユニットから上記のように重みが乗じられた値が入力されます。中間層のユニット k では、これらの入力値の和を取り、さらにその和をある活性化関数 σ に与えた結果の値を出力します。つまり、中間層のユニット k の出力 o_k は以下です。

$$o_k = \sigma\left(\sum_{i=1}^{m} w_{ki}^{(1)} x_i + b_k^{(1)}\right)$$

標準的には、活性化関数 σ として以下のシグモイド関数が使われます。

$$\sigma(x) = \frac{1}{1+e^{-x}}$$

シグモイド関数は頻繁に出現する重要な関数です。グラフは図 2.2 のような形をしています。定義域は実数値全体で、値域は 0 から 1 です。このため、確率と

21

の相性がよいです。また、シグモイド関数は負の部分では 0、正の部分では 1 を取る階段関数を連続関数で近似したものとも見なせます。

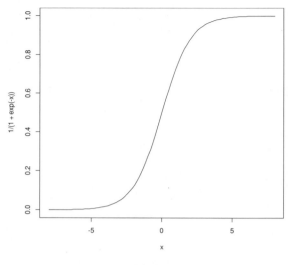

図 2.2 シグモイド関数

h 行 m 列の大きさの行列でその k 行 i 列の要素が $w_{ki}^{(1)}$ となっている行列を $\boldsymbol{W}^{(1)}$ と置きます。そして、中間層の出力を並べたものをベクトル $\boldsymbol{o}$ と置きます。

$$\boldsymbol{o} = (o_1, o_2, \cdots, o_h)$$

すると、以下の関係式が成立することを確認できます。

$$\boldsymbol{o} = \sigma_1\left(\boldsymbol{W}^{(1)}\boldsymbol{x} + \boldsymbol{b}^{(1)}\right)$$

中間層から出力層へも同様に考えれば、出力層の出力は以下になります。

$$\sigma_2\left(\boldsymbol{W}^{(2)}\boldsymbol{o} + \boldsymbol{b}^{(2)}\right) = \sigma_2\left(\boldsymbol{W}^{(2)}\sigma_1\left(\boldsymbol{W}^{(1)}\boldsymbol{x} + \boldsymbol{b}^{(1)}\right) + \boldsymbol{b}^{(2)}\right)$$

出力層のユニット j の出力を出力のベクトル $\boldsymbol{y}$ の第 j 次元目の値と見なせば、NN における関数 f のモデルは以下となります。

$$y = f(x) = \sigma_2\left(W^{(2)}\sigma_1\left(W^{(1)}x + b^{(1)}\right) + b^{(2)}\right) \tag{2.1}$$

なお、σ_1 と σ_2 はそれぞれ中間層および出力層で使われる活性化関数です。同じ関数でなくても構いません。また、古典的には、出力層の活性化関数 σ_2 には恒等関数 $\sigma_2(x) = x$、中間層の活性化関数 σ_1 にはシグモイド関数がそれぞれ使われます。

2.2 確率的勾配降下法と誤差逆伝播法

前節で関数 f のモデルを示しました。そのモデルのパラメータはバイアス $b^{(1)}$ と $b^{(2)}$ および重みの行列 $W^{(1)}$ と $W^{(2)}$ です。パラメータの個数は $b^{(1)}$ で h 個、$b^{(2)}$ で n 個、$W^{(1)}$ で mh 個、そして $W^{(2)}$ で hn 個あるので、合計 $V = h + n + mh + hn$ 個あります。これら V 個のパラメータを θ で表すことにします。結局、θ を訓練データから推定することになります。訓練データは入力値 x とその出力値 y のペアのデータの集合です。このペアのデータが N 個あったとすると、訓練データ D は以下のような集合となります。

$$D = \{(x_1, y_1), (x_2, y_2), \cdots, (x_N, y_N)\}$$

NN では適当なパラメータの初期値 $\theta^{(0)}$ から始めて $\theta^{(i)}$ を $\theta^{(i+1)}$ に更新していくことで θ を求めます。更新の方法ですが、現在、標準的には確率的勾配降下法（Stochastic Gradient Descent, 以下 SGD）と呼ばれる手法が使われます[注2]。SGD では訓練データの k 番目のデータ (x_k, y_k) の 2 乗誤差 E_k を減少させるように $\theta^{(i)}$ を $\theta^{(i+1)}$ に更新します。

$$E_k = \frac{1}{2}|f(x_k; \theta^{(i)}) - y_k|^2 = \frac{1}{2}\sum_{j=1}^{n}(f_j - y_j)^2$$

ここで f_j と y_j はそれぞれ $f(x_k; \theta^{(i)})$ と y_k の j 次元目の値です。上記の各データに対する更新を全データに対して何度か行うことで θ を求めます。各データに対する更新については、具体的には以下の計算式でその時点の $\theta^{(i)}$ を $\theta^{(i+1)}$

注2　単に、最急降下法と呼ばれることもあります。

に更新します。

$$\boldsymbol{\theta}^{(i+1)} = \boldsymbol{\theta}^{(i)} - \alpha \nabla E_k$$

ここで α は学習率と呼ばれるパラメータで、この値が大きいほど更新量が大きくなります。そして ∇E_k は E_k を各パラメータ θ_k で偏微分した式の $\boldsymbol{\theta}$ の部分に $\boldsymbol{\theta}^{(i)}$ を代入したものです。

$$\nabla E_k = \left(\left.\frac{\partial E_k}{\partial \theta_1}\right|_{\boldsymbol{\theta}=\boldsymbol{\theta}^{(i)}}, \left.\frac{\partial E_k}{\partial \theta_2}\right|_{\boldsymbol{\theta}=\boldsymbol{\theta}^{(i)}}, \cdots, \left.\frac{\partial E_k}{\partial \theta_V}\right|_{\boldsymbol{\theta}=\boldsymbol{\theta}^{(i)}} \right)$$

結局、SGD では各 $\frac{\partial E_k}{\partial \theta_i}$ が求まればよいことがわかります。

今、層は3つしかありませんが、入力層を第 1 層、次の層を第 2 層と出力層に向かって順に数えることにして、一般的な第 l 層のユニット j を考えることにします（図 2.3 参照）。

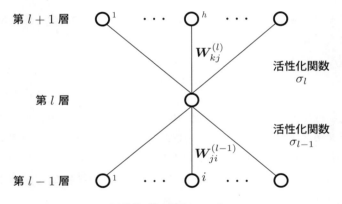

図 2.3　第 l 層のユニット j

第 l 層のユニット j の出力を作る際に、活性化関数に与える入力を $a_j^{(l)}$ とします。つまり、第 l 層のユニット j の出力は $\sigma_l(a_j^{(l)})$ です。また

$$a_j^{(l)} = \sum_i w_{ji}^{(l-1)} \sigma_{l-1}(a_i^{(l-1)}) + b_j^{(l-1)}$$

の関係があるので、合成関数の微分を使うと以下が成立します。

2.2 確率的勾配降下法と誤差逆伝播法

$$\frac{\partial E_k}{\partial w_{ji}^{(l-1)}} = \frac{\partial E_k}{\partial a_j^{(l)}} \frac{\partial a_j^{(l)}}{\partial w_{ji}^{(l-1)}} = \frac{\partial E_k}{\partial a_j^{(l)}} \sigma_{l-1}(a_i^{(l-1)})$$

$$\frac{\partial E_k}{\partial b_j^{(l-1)}} = \frac{\partial E_k}{\partial a_j^{(l)}} \frac{\partial a_j^{(l)}}{\partial b_j^{(l-1)}} = \frac{\partial E_k}{\partial a_j^{(l)}}$$

つまり、第 $l-1$ 層と第 l 層の間に存在するパラメータは $\frac{\partial E_k}{\partial a_j^{(l)}}$ を計算することで求めることができます。

さらに、多変数関数の合成関数の微分を使うと以下が成立します。

$$\frac{\partial E_k}{\partial a_j^{(l)}} = \sum_h \frac{\partial E_k}{\partial a_h^{(l+1)}} \frac{\partial a_h^{(l+1)}}{\partial a_j^{(l)}}$$

ここで

$$a_h^{(l+1)} = \sum_j w_{hj} \sigma_l(a_j^{(l)}) + b_k^{(l)}$$

なので

$$\frac{\partial a_h^{(l+1)}}{\partial a_j^{(l)}} = w_{hj} \sigma_l'(a_j^{(l)})$$

が成立し、最終的に

$$\frac{\partial E_k}{\partial a_j^{(l)}} = \sum_h \frac{\partial E_k}{\partial a_h^{(l+1)}} w_{hj} \sigma_l'(a_j^{(l)})$$

となっています。つまり $\frac{\partial E_k}{\partial a_j^{(l)}}$ を計算するには、1つ上の層の $\frac{\partial E_k}{\partial a_h^{(l+1)}}$ を計算できればよいことがわかります。

$\frac{\partial E_k}{\partial a_j^{(l)}}$ は第 l 層のユニット j の誤差を表しています。よって出力層の誤差から入力層に向かって、つまり逆向きに、誤差を伝播させていくことでパラメータを求める形になっているため、この手法は誤差逆伝播法と呼ばれます。

なお、最も上位の層となる出力層におけるユニット j の出力が $\sigma_2(a_j^{(3)})$ であり、しかもそれは f_j であったので

$$\frac{\partial E_k}{\partial a_j^{(3)}} = (f_j - y_j)\frac{\partial f_j}{\partial a_j^{(3)}} = (f_j - y_j)\sigma_2'(a_j^{(3)})$$

となり、さらに σ_2 が恒等関数であれば $\sigma_2'(x) = 1$ なので $\frac{\partial E_k}{\partial a_j^{(3)}} = f_j - y_j$ という差分=誤差というわかりやすい形になります。

また、活性化関数の微分の計算が必要ですが、シグモイド関数の場合、以下の関係式が利用できます。

$$\sigma'(x) = \sigma(x)(1 - \sigma(x))$$

2.3 ミニバッチ

前節で説明した SGD では、訓練データ D の k 番目のデータ $(\boldsymbol{x}_k, \boldsymbol{y}_k)$ に対して 2 乗誤差 E_k を設定してパラメータを更新しました。単純に訓練データ D 全体の 2 乗誤差 E を

$$E = \sum_{k=1}^{N} E_k$$

と定義し、これを損失関数として用いてパラメータを更新することも可能です。

データごとにパラメータを更新することをオンライン学習、データ全体を使ってパラメータを更新することをバッチ学習とも言います。また、このオンライン学習とバッチ学習の中間的なものとして、ミニバッチという手法があります。

これは D をランダムに M 等分して、各 D_i でバッチ学習するというものです。

$$D = \bigcup_{i=1}^{M} D_i$$

また、通常は M を指定するのではなく D_i の大きさを指定する形です。

データやタスクにかなり依存しますが、一般に小さいデータセットのときはバッチ学習、大きいときにはオンライン学習がよいとされています。またミニバッチ学習は勾配が安定する効果があると言われています。

2.4 分類問題への応用

分類問題とはあらかじめ設定したクラスの集合 $C = \{c_1, c_2, \cdots, c_n\}$ があり、データ x がどのクラス c_i に属するかを識別する問題です。例えばある商品に対する意見（データ x は文書）が好意的か否定的かを識別する問題は、クラスが $C = \{positive, negative\}$ となっている分類問題であり、写真に写っているもの（データ x は画像）が何かを当てる物体画像識別は、あらかじめ物体名を例えば 1,000 個ほど設定している分類問題です。

NN は基本的に関数を推定するので回帰の問題が対象ですが、分類問題へも応用できます。まずクラスの集合が $C = \{c_1, c_2, \cdots, c_n\}$ である場合、出力を n 次元のベクトルとします。そしてデータ x のクラスが c_i である場合に、x の出力値 y を i 次元目の値が 1 で他の次元の値は全て 0 であるような n 次元のベクトルと考えます。つまり出力値の i 次元目の値はクラスが i である確率と考えます。この形で $y = f(x)$ となる回帰の問題を解き、f を構築します。

実際の識別では n 次元のベクトルとなる $f(x)$ の要素の中で最も大きな値を持つ次元 j を求め、c_j を識別結果とすることで分類問題が解けます。

図 2.4 は、5 値分類問題においてクラス 2 のデータに対する出力層の図です。

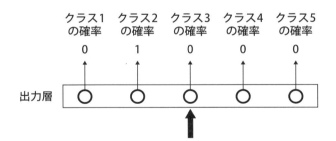

図 2.4　5 値分類問題での識別クラス 2 の出力層

第3章

Chainerの使い方

第 3 章　Chainer の使い方

本章では Chainer の基本的な仕組みを説明しながら、その使い方を解説します。

3.1　計算グラフと順伝播・逆伝播

Chainer は Deep Learning のフレームワークです。もう少し具体的に言えば、NN のような演算を行うネットワークで表現される関数のパラメータを、訓練データから学習するプログラムを構築するための Python のパッケージです。

「NN のような演算を行うネットワークで表現される関数」というのは、一般的に合成関数と言うこともできます。実際、NN のネットワークは前章の図 2.1 のように表現されますが、これは前章の式 2.1 で表現される合成関数です。

Chainer の仕組みは、合成関数を計算グラフで表現すると理解しやすいでしょう。計算グラフは、丸のノードと四角のノードおよびそれらを向きのあるエッジで結んだグラフです。丸のノードは変数を表し、四角のノードは関数を表します。丸のノードから四角のノードへのエッジは、その変数がその関数の入力になることを表しています。また四角のノードから丸のノードへのエッジは、その関数の出力がその変数に代入されることを表しています。例えば以下のような 3 変数関数を考えてみます。

$$z = f(x_1, x_2, x_3) = (x_1 - 2x_2 - 1)^2 + (x_2 x_3 - 1)^2 + 1$$

これはまず $h_1(y_1, y_2) = y_1^2 + y_2^2 + 1$ という関数を考えれば

$$z = f(x_1, x_2, x_3) = h_1(x_1 - 2x_2 - 1, x_2 x_3 - 1)$$

となります。さらに $h_2(z_1, z_2) = z_1 - 2z_2 - 1$、$h_3(u_1, u_2) = u_1 u_2 - 1$ と定義すれば、

$$z = f(x_1, x_2, x_3) = h_1(x_1 - 2x_2 - 1, x_2 x_3 - 1) = h_1(h_2(x_1, x_2), h_3(x_2, x_3))$$

となり、関数 f が h_1、h_2、h_3 の合成関数になっていることがわかります。そして関数 f は、h_1、h_2、h_3 を利用して以下のような計算グラフで表現されます。

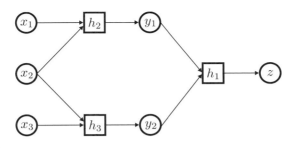

図 3.1　関数 f の計算グラフ

ここから何が便利かと言えば、関数 f の微分を求めることができる点です。

NN のパラメータを推定するために誤差逆伝播法を利用しましたが、誤差逆伝播法は最急降下法から得られたものであり、最急降下法は損失関数の微分を求めるところがポイントです。損失関数の微分さえ求めることができれば、あとの計算は容易です。そして損失関数が合成関数であった場合、その微分は計算グラフを逆向きにたどることで得ることができます。

具体的には、関数のノードを挟んだ変数のノード間での微分を考えます。計算グラフにその微分をエッジとして追加すると、図 3.2 のような計算グラフが作成できます。

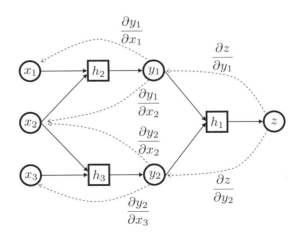

図 3.2　関数 f の微分を含んだ計算グラフ

例えばここから $\frac{\partial z}{\partial x_1}$ を導くのは簡単です。変数 z のノードから変数 x_1 のノードへ微分のエッジをたどっていくだけです。その結果、

$$\frac{\partial z}{\partial x_1} = \frac{\partial z}{\partial y_1}\frac{\partial y_1}{\partial x_1}$$

となります。これは合成関数の微分を考えれば、こうなっていることは明らかです。また、変数 z のノードから変数 x_2 のノードへのように、逆向きにたどる際に複数のパスがある場合は、パスごとの和になります。

$$\frac{\partial z}{\partial x_2} = \frac{\partial z}{\partial y_1}\frac{\partial y_1}{\partial x_2} + \frac{\partial z}{\partial y_2}\frac{\partial y_2}{\partial x_2}$$

Chainer ではまず計算グラフで順方向に計算を行い、各ノードにその結果などの情報を保持させておき、次に逆向きにたどることで微分値を得ています。つまり Chainer では、**微分値を得るのに一度は順方向に計算しないといけない**ということが 1 つのポイントです。変数 z のノードから変数 x_2 のノードのように逆向きに複数のパスがある場合でも、順方向、つまり、変数 x_2 のノードから変数 z のノードへの計算を行っているので、その際に複数のパスが存在していたという情報が残っています。

また注意すべき点として、微分を求めるのは損失関数 f に対してであって、設計したモデルの関数 g 自体に対してではありません。しかも f はパラメータ $\boldsymbol{\theta}$ の関数であって、必要なのは $\boldsymbol{\theta}$ で微分したものです。一方、g の入力は $\boldsymbol{x}$ であり $\boldsymbol{x}$ の関数です。ただし、通常、f は g の出力 $g(\boldsymbol{x})$ と教師信号 $\boldsymbol{t}_x$ との誤差になるので、f の計算グラフの順方向の計算には、g の順方向の計算が必要です。

3.2 基本オブジェクト

本節では Chainer を使う上で必要となる基本のオブジェクトについて解説します。ただし、それらのオブジェクトを利用するには、最初にいくつかのモジュールをインポートしなければなりません。マニュアルでは、以下の形でモジュールをインポートしています。本書でもこの部分はあらかじめ実行されていることを

仮定して、記述しています[注1]。

```
import numpy as np
import chainer
from chainer import cuda, Function, \
            report, training, utils, Variable
from chainer import datasets, iterators, optimizers, serializers
from chainer import Link, Chain, ChainList
import chainer.functions as F
import chainer.links as L
from chainer.training import extensions
```

3.2.1 Variable

　計算グラフの変数のノードに対応するオブジェクトは、Variable というクラスから生成されます。変数に入る実際のデータは配列です。以下のように生成します。

```
>>> x1 = Variable(np.array([1], dtype=np.float32))
>>> x2 = Variable(np.array([2], dtype=np.float32))
>>> x3 = Variable(np.array([3], dtype=np.float32))
```

　Chainer では実数のタイプは np.float32、整数のタイプは np.int32 に固定しておかなければならないようです。上記のように生成時に指定してもよいですが、型を変換する astype を使うほうが応用が利きます。

```
>>> x1 = Variable(np.array([1]).astype(np.float32))
>>> x2 = Variable(np.array([2]).astype(np.float32))
>>> x3 = Variable(np.array([3]).astype(np.float32))
```

　Variable の変数の演算結果もまた Variable の変数になります。変数の中身は data という属性で参照できます。

[注1] gradient_check も import することが推奨されていますが、バージョン 2 になって、エラーが出たり、mock のインストールを要求されたりします。本書では使うことはないので外しています。

```
>>> z = (x1 - 2 * x2 - 1)**2 + (x2 * x3 - 1)**2 + 1
>>> z.data
array([ 42.], dtype=float32)
```

ここで順方向にいったん計算したことになるので、微分値を得るためには、逆向きの計算を行います。

```
>>> z.backward()
```

これによって微分値を得ることができます。

```
>>> x1.grad
array([-8.], dtype=float32)
>>> x2.grad
array([ 46.], dtype=float32)
>>> x3.grad
array([ 20.], dtype=float32)
```

実際に、微分の式は以下です。

$$\frac{\partial z}{\partial x_1} = 2(x_1 - 2x_2 - 1)$$

$$\frac{\partial z}{\partial x_2} = -4(x_1 - 2x_2 - 1) + 2x_3(x_2 x_3 - 1)$$

$$\frac{\partial z}{\partial x_3} = 2x_2(x_2 x_3 - 1)$$

そして、$(x_1, x_2, x_3) = (1, 2, 3)$ を代入すれば、

$$\frac{\partial z}{\partial x_1} = 2 \times (1 - 2 \times 2 - 1) = -8$$

$$\frac{\partial z}{\partial x_2} = -4 \times (1 - 2 \times 2 - 1) + 2 \times 3 \times (2 \times 3 - 1) = 46$$

$$\frac{\partial z}{\partial x_3} = 2 \times 2 \times (2 \times 3 - 1) = 20$$

であることが確認できます。

3.2.2 functions

Variable を変数として持つ関数は functions パッケージの中で提供されています。三角関数などの通常の関数の他、活性化関数や損失関数など様々な関数が提供されています。

```
>>> x = Variable(np.array([-1], dtype=np.float32))
>>> F.sin(x).data      # sin関数
array([-0.84147096], dtype=float32)
>>> F.sigmoid(x).data   # シグモイド関数
array([ 0.2689414], dtype=float32)
```

微分もできます。

```
>>> x = Variable(np.array([-0.5], dtype=np.float32))
>>> z = F.cos(x)
>>> z.data
array([ 0.87758255], dtype=float32)
>>> z.backward()
>>> x.grad
array([ 0.47942555], dtype=float32)
>>> ((-1) * F.sin(x)).data    # 確認 (cos(x))' = - sin(x)
array([ 0.47942555], dtype=float32)
```

変数が多次元である場合は、関数の傾きの次元をあらかじめ教えておく必要があります。

```
>>> x = Variable(np.array([-1,0,1], dtype=np.float32))
>>> z = F.sin(x)
>>> z.grad = np.ones(3, dtype=np.float32)
>>> z.backward()
>>> x.grad
array([ 0.54030228,  1.     ,  0.54030228], dtype=float32)
```

3.2.3 links

linksパッケージで提供されている関数も、Variableを変数として持つ関数です。functions内の関数との違いは、パラメータがあるかないかです。functions内の関数にはパラメータがありませんが、links内の関数にはパラメータがあります。

結局、Chainerが行えることはlinks内の関数におけるパラメータを推定することです。自分が考えたモデル（つまり合成関数）がlinks内の関数やfunctions内の関数を単純に組み合わせて表現できれば、Chainerのプログラムはほぼ完成です。

Linearは代表的なlinksの関数です。これはNNにおいて、ある層（第l層）から次の層（第$l+1$層）にデータを変換する関数、つまり線形作用素を表しています。第l層が例えば3個のノードからなる、つまり第l層の入力が3次元のベクトルxとなっており、第$l+1$層が例えば4個のノードからなる、つまり第l層の出力（第$l+1$層の入力）が4次元のベクトルyとなっている場合、その関数は

$$y = Wx + b$$

で表現できました。

Chainerでは以下のように定義します。

```
>>> h = L.Linear(3,4)
```

パラメータはWとbです。最初Wには適当な数が、そしてbには0が入っています。

```
>>> h.W.data
array([[ 0.1862562, -0.2023745,  0.6200384],
       [-0.5700316, -0.1942149, -0.3778073],
       [ 0.361986 ,  0.9517086, -0.3477454],
       [ 0.114108 ,  0.1910965,  0.1419339]], dtype=float32)
>>> h.b.data
array([ 0.,  0.,  0.,  0.], dtype=float32)
```

入力はバッチ（データの集合）で与えなければなりません。以下の例では2つの3次元のベクトルを作って、それを h に与えています。

```
>>> x = Variable(np.array(range(6))\
...          .astype(np.float32).reshape(2,3))
>>> x.data
array([[ 0.,  1.,  2.],
       [ 3.,  4.,  5.]], dtype=float32)
>>> y = h(x)
>>> y.data
array([[ 1.03770232, -0.94982964,  0.25621772,  0.4749645 ],
       [ 2.84946299, -4.37599134,  3.15406656,  1.81638062]],
      dtype=float32)
```

正しく計算できているかを確認してみます[注2]。

```
>>> w = h.W.data
>>> x0 = x.data
>>> x0.dot(w.T) + h.b.data
array([[ 1.03770232, -0.94982964,  0.25621772,  0.4749645 ],
       [ 2.84946299, -4.37599134,  3.15406656,  1.81638062]],
      dtype=float32)
```

3.3 Chain クラス

Chainer は links 内の関数や functions 内の関数を合成し、その合成関数内に含まれるパラメータを学習します。この合成関数自体が、モデルを表現しています。Chain クラスはモデルを定義するためのクラスです。そして自身の定義するモデルは、この Chain クラスを継承したクラスを定義することで行います。

例えば、以下のような3層からなる NN を考えてみます。

[注2] 本書での数学上の表記 W とそれに対応するプログラム上の W は行と列が逆になっています。見やすくするためにそうしていますが、実際のプログラムでは注意してください。

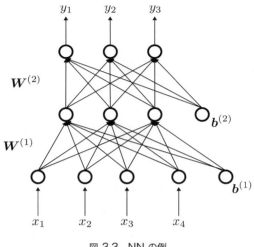

図 3.3 NN の例

この場合、合成関数は以下になります。

$$y = W_2(\sigma(W_1 x + b_1)) + b_2$$

この関数は、links 内の関数 Linear や functions 内の関数 sigmoid を合成させればできあがります。この合成に関する記述、つまりモデルの定義は Chain クラスを継承したクラス、例えば、MyChain を以下のように作成することで行えます。

注意すべきこととして、__init__では合成関数内の links 内の関数を列挙しているだけです。順番は関係ありませんし、列挙されている関数を全部使う必要もありません。

```
class MyChain(Chain):
    def __init__(self):
        super(MyChain, self).__init__(
            l1 = L.Linear(4,3),
            l2 = L.Linear(3,3),
        )
```

次に、損失関数を__call__の部分に書きます。モデルを定義するという観点では、__call__の部分には順方向の計算を書くほうがスマートなのでしょうが、多少変でも「損失関数を書く」と決めておいたほうがプログラミングは簡単になります。モデルの順方向の計算は損失関数の中で必要とされるので、順方向の計算はこのクラスのメソッドとして別個に定義しておけばよいでしょう。ここではfwdとして定義しました。

この例では損失関数への入力を変数x、教師データを変数yとして、以下のようになります。

```
class MyChain(Chain):
    def __init__(self):
        ＜上記に書いているので省略＞

    def __call__(self,x,y):
        fv = self.fwd(x,y)
        loss = F.mean_squared_error(fv, y)
        return loss

    def fwd(self,x,y):
        return F.sigmoid(self.l1(x))
```

3.4　optimizers

以上の設定から、訓練データを与えれば、損失関数をパラメータで微分した値が求まります。ただし、その微分値からパラメータを更新するプログラムを書くのはかなり面倒です。それに損失関数の最小化からパラメータを求める手法（最適化手法）は、前章で紹介したSGD以外にもいくつかあります。SGDでも面倒なのに、それ以上の高度な手法の実装は無理があります。

幸いなことに、Chainerはこのパラメータを更新する部分の処理をモジュール化してくれています。利用は簡単です。しかも「1つの訓練データのバッチを与えると、パラメータが1回更新される」という単純な形なので、各ループで与える訓練データを制御することも容易です。

上記のことを行うためにoptimizersというモジュールが存在します。まずこ

のモジュールを利用して、最適化で利用するアルゴリズムを決めます。ここでは SGD にしています。最適化のための初期設定に対応する実際のコードは、以下の 3 行です。

```
model = MyChain()            # モデルを生成
optimizer = optimizers.SGD() # 最適化のアルゴリズムの選択
optimizer.setup(model)       # アルゴリズムにモデルをセット
```

上記の処理は最初に 1 回行います。「1 つの訓練データのバッチ (x,y) を与えると、パラメータが 1 回更新される」という部分は以下の 4 行になります。

```
model.cleargrads()    # 勾配の初期化
loss = model(x,y)     # 順方向に計算して誤差を算出
loss.backward()       # 逆方向の計算、勾配の計算
optimizer.update()    # パラメータを更新
```

上記の (x,y) を色々変化させながら、パラメータを好きなだけ更新していけばよいでしょう。

また、上記したように最適化のアルゴリズムは SGD 以外にもいくつかあります。ここではそれらの違いについては説明しません。利用する側からすれば、SGD みたいなものという程度に考えて構いません。ただ、Adam というアルゴリズムは比較的高速に良い値を出すので、通常は Adam を使うことに注意しておいてください。

第4章

Chainerの利用例

本章では簡単な分類問題を解くことで Chainer の利用例を示します。利用するデータは Iris データです。

4.1 全体図

まず、Chainer のプログラムの全体図を図 4.1 に示しておきます。ほとんどのプログラムは、この形になっています。また、本書のプログラムも基本的に全てこの形です。

```
(1)  データの準備・設定

(2)  class MyModel (Chain):
       def __init__(self):
         super(MyModel, self).__init__(
           パラメータを含む関数の宣言
         )
       def __call__(self, ……):
         損失関数

(3)  model = MyModel()
     optimizer = optimizer.Adam()
     optimizer.setup(model)

(4)  for epoch in range(繰り返し回数)
       データの加工
       model.cleargrads()      # 勾配初期化
       loss = model(……)        # 誤差計算
       loss.backward()         # 勾配計算
       optimizer.update()      # パラメータ更新

(5)  結果の出力
```

図 4.1 Chainer プログラムの全体図

(1) で学習データを準備します。この辺りが面倒なことも多いです。

(2)、(3)、(4) がプログラムの中心となります。(2) はモデルを記述する部分です。MyModel はモデルの名前です。適当に名付けて構いません。__init__ と __call__ の部分は必須です。他にメソッドを追加してもよいでしょう。書き方は色々あり得ますが、本書ではこの形を取っています。

(3) はモデルと最適化アルゴリズムを設定する部分です（ほぼお約束の 3 行で

す)。Adam は最適化アルゴリズムです。他にも色々選択できますが、わからなければ Adam を指定して問題ありません。

(4) が学習の部分です。問題にもよりますが、かなり時間がかかります。最後の 4 行もほぼお約束です。勾配を初期化し、損失を求め、損失関数の結果(順方向の計算)から勾配を求めて、そこからパラメータを更新しています。

(5) で結果の出力です。学習結果のモデルを保存したり、テストを行ったりします。

4.2　Iris データ

Iris データは、機械学習でよく用いられるサンプルデータです。150 個のデータからなり、各データはアヤメのデータです。そして各データは花びらの長さ、幅、がく片の長さ、幅の 4 つの数値、つまり 4 次元のベクトルで表現されています。そして各データにはアヤメの花の種類 setosa (0)、versicolor (1)、virginica (2) に応じて、その数値がラベルとして与えられています[注1]。

150 個のデータのうち、奇数番目のデータを訓練データ (75 個)、偶数番目のデータをテストデータ (75 個) として利用することにします。

なお本書では、ここまで Chainer を Python の対話モードで実行してきました。ここからはプログラム foo.py などの形で書いて、シェル上で

```
> python foo.py
```

と実行する形を想定しています。ただし、説明のために対話モードで実行して説明します。ポイントだけを示すこともあるので、その場合、実行には全体のプログラムが必要です。そのため、どのプログラムを実行しているかをプログラムの上に示しておきます。また、プログラムのいくつかは巻末にも掲載しています。オーム社のサイト (http://www.ohmsha.co.jp/) あるいは以下からダウンロードもできます[注2]。

[注1] iris.feature_names や iris.target_names で確認できます。
[注2] 巻末に掲載したプログラムは主要なものだけです。ダウンロードサイトには全てのプログラムを置きました。

http://nlp.dse.ibaraki.ac.jp/~shinnou/book/chainer2.tgz

iris0.py

```
>>> from sklearn import datasets
>>> iris = datasets.load_iris()
>>> X = iris.data.astype(np.float32)
>>> Y = iris.target
>>> N = Y.size
>>> Y2 = np.zeros(3 * N).reshape(N,3).astype(np.float32)
>>> for i in range(N):
...      Y2[i,Y[i]] = 1.0
...
>>> index = np.arange(N)
>>> xtrain = X[index[index % 2 != 0],:]
>>> ytrain = Y2[index[index % 2 != 0],:]
>>> xtest = X[index[index % 2 == 0],:]
>>> yans = Y[index[index % 2 == 0]]
```

教師信号にあたる ytrain の要素は、3次元のベクトルです。例えばクラスが1であれば、$(0.0, 1.0, 0.0)$ というベクトルになります。

なお、上記のプログラムでは sklearn つまり scikit-learn[注3]がインストールされていることを想定しています。機械学習のプログラムを作る際には、scikit-learn をインストールしておくと色々便利ですが、本書ではこの部分にしか利用していません。Iris データだけを取り出すのに、scikit-learn をインストールするのは大げさです。本書のサンプルプログラム集の中に iris-x.txt および iris-y.txt を含めましたので、scikit-learn をインストールしたくない方は、これらのファイルを使って、以下のようにして上記の変数 X と Y を作ってください。

iris0a.py

```
>>> X = np.loadtxt('iris-x.txt').astype(np.float32)
>>> Y = np.loadtxt('iris-y.txt').astype(np.int32)
```

注3 http://scikit-learn.org/stable/index.html

4.3 基本的なプログラム

図 4.2 のような通常の NN でモデル化してみます。

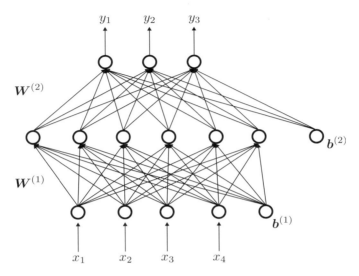

図 4.2 Iris データの識別のための NN

入力は 4 次元なので、入力層はバイアスの他に 4 つのユニットがあります。中間層にいくつのユニットを置くかが問題ですが、ここではバイアスのユニット以外に 6 つのユニットを置きました。出力層は 3 値分類になっているので、3 つのユニットになります。

まず Chain のクラスを設定します。IrisChain と名付けました。

iris0.py

```
>>> class IrisChain(Chain):
...     def __init__(self):
...         super(IrisChain, self).__init__(
...             l1=L.Linear(4,6),
...             l2=L.Linear(6,3),
...         )
...     def __call__(self,x,y):
...         return F.mean_squared_error(self.fwd(x), y)
```

```
...     def fwd(self,x):
...         h1 = F.sigmoid(self.l1(x))
...         h2 = self.l2(h1)
...         return h2
```

次にパラメータの学習です。最適化のアルゴリズムに SGD を用いて、単純なバッチ処理とし、10,000 回パラメータを更新して、パラメータを求めてみます。

iris0.py

```
>>> model = IrisChain()
>>> optimizer = optimizers.SGD()
>>> optimizer.setup(model)
>>> for i in range(10000):
...     x = Variable(xtrain)
...     y = Variable(ytrain)
...     model.cleargrads()
...     loss = model(x,y)
...     loss.backward()
...     optimizer.update()
```

少し時間がかかるかもしれませんが、しばらくすれば終わります。パラメータが求まっているので、model が完成しています。テストデータのほうで評価してみます。

iris0.py

```
>>> xt = Variable(xtest)
>>> yt = model.fwd(xt)
>>> ans = yt.data
>>> nrow, ncol = ans.shape
>>> ok = 0
>>> for i in range(nrow):
...     cls = np.argmax(ans[i,:])
...     if cls == yans[i]:
...         ok += 1
```

テストデータの総数は nrow に、正解数は ok に入るので、正解率は以下のようになります[注4]。

```
>>> print ok, "/", nrow, " = ", (ok * 1.0)/nrow
72 / 75  =  0.96
```

4.4 ミニバッチ

　先の例では、1 回のパラメータ更新ごとに 75 個の訓練データ全てを使っています。つまり、バッチ処理です。ここでは 1 回のパラメータ更新にはランダムに取り出した 25 個の訓練データを使う形にしてみます。これは前に説明したミニバッチという手法です。

　ミニバッチ用に訓練データをセットする Python のコードは定石化しており、先のコードのパラメータを更新する繰り返し部分を、以下のように変更するだけです。

iris1.py

```
n = 75                  # データのサイズ
bs = 25                 # バッチのサイズ
for j in range(5000):   # 全体データの学習回数
    sffindx = np.random.permutation(n)
    for i in range(0, n, bs):
        x = Variable(xtrain[sffindx[i:(i+bs) if (i+bs) < n else n]])
        y = Variable(ytrain[sffindx[i:(i+bs) if (i+bs) < n else n]])
        model.cleargrads()
        loss = model(x,y)
        loss.backward()
        optimizer.update()
```

注4　実行ごとに多少結果は変化するので、このとおりの結果にならなくても気にしないでください。

4.5 誤差の累積

バッチ学習と似た学習方法ですが、Chainerでは誤差を単純に累積させていき、累積された誤差の総計から勾配を求めて、パラメータを更新することが可能です。やっていることは計算グラフを考えれば明らかです。結果的には、各データに対して、勾配を求め、それら勾配の総和を取ったものを累積された誤差の勾配としています。

ミニバッチは各データから得た勾配の平均、そして誤差の累積は各データから得た勾配の総和によってパラメータを更新するというイメージです。ミニバッチと誤差の累積をどう使い分け、あるいは組み合わせていけばよいかは、問題に依存します。

誤差を累積するプログラムは、例えば以下のような形です。先の各ミニバッチの誤差を累積させています。

iris2.py

```
n = 75                  # データのサイズ
bs = 25                 # 累積するサイズ
for j in range(2000):   # 全体データの学習回数
    accum_loss = None
    sffindx = np.random.permutation(n)
    model.cleargrads()
    for i in range(0, n, bs):
        x = Variable(xtrain[sffindx[\
                            i:(i+bs) if (i+bs) < n else n]])
        y = Variable(ytrain[sffindx[\
                            i:(i+bs) if (i+bs) < n else n]])
        loss = model(x,y)
        accum_loss = loss if accum_loss is None \
                          else accum_loss + loss
    accum_loss.backward()
    optimizer.update()
```

4.6 softmax

先ほどのネットワークの出力は 3 次元のベクトルであり、最も値の大きな次元が識別結果になっています。例えば、0 番目のテストデータの出力は以下のようになっています。第 1 次元の値が最大なので、識別のクラスは 0 であることがわかります。

```
>>> ans[0]
array([ 1.01875758, -0.02290851,  0.00886351], dtype=float32)
```

このあとに何らかの処理をする場合、このような値の出力ではなくて、そのクラスである確率を出力したほうが役立ちます。このため、第 i 次元の値が x_i であるとき、x_i を確率値に変換する関数として softmax という関数があります。

$$softmax(x_i) = \frac{\exp(x_i)}{\sum_j \exp(x_j)}$$

softmax 関数は functions 内で提供されているので、出力層からの出力に活性化関数としてこの関数を呼び出すだけで、出力値を確率値に変換できます。

先のコードの順方向の計算の部分を以下のように変更します。

```
class IrisChain(Chain):
    def __init__(self):
        …略…
    def __call__(self,x,y):
        …略…
    def fwd(self,x):
        h1 = F.sigmoid(self.l1(x))
        h2 = self.l2(h1)
        h3 = F.softmax(h2)
        return h3
```

4.7 softmax cross entropy

　出力層からの出力に softmax 関数を利用するのは、ほとんどの場合、ネットワークが分類問題に対するものになっているからです。その場合、教師信号はラベルなので、2 乗誤差よりも cross entropy で損失を測るほうが適切です。Chainer には損失関数として F.softmax_cross_entropy が用意されています。これを利用する場合、教師信号はラベルに対する整数値を指定します。

iris3.py

```
>>> X = iris.data.astype(np.float32)
>>> Y = iris.target.astype(np.int32)
>>> N = Y.size
>>> index = np.arange(N)
>>> xtrain = X[index[index % 2 != 0],:]
>>> ytrain = Y[index[index % 2 != 0]]     # 教師信号は整数値
```

　また、順伝播の最後に softmax 関数を被せる必要がなくなるので、Chain のクラスは以下のようになります。

iris3.py

```
>>> class IrisChain(Chain):
...     def __init__(self):
...         super(IrisChain, self).__init__(
...             l1=L.Linear(4,6),
...             l2=L.Linear(6,3),
...         )
...     def __call__(self,x,y):
...         return F.softmax_cross_entropy(self.fwd(x), y)
...     def fwd(self,x):
...         h1 = F.sigmoid(self.l1(x))
...         h2 = self.l2(h1)
...         return h2
```

4.8 ロジスティック回帰

ここではロジスティック回帰を Chainer で実装してみます。

分類問題を解く機械学習の手法として、ロジスティック回帰はよく用いられる手法です。そしてこれは NN を利用して実現できます。ロジスティック回帰を NN で実装できることを知っておけば、機械学習の手法を考案し、それを NN を用いて実装する際に役立ちます。

識別先のクラスが2値の場合はロジスティック回帰と呼ばれ、3値以上の場合は多項ロジスティック回帰と呼ばれます。ここでは後者の多項ロジスティック回帰を扱います。

識別先のクラスを $C = \{c_1, c_2, \cdots, c_K\}$、入力のベクトルを $\boldsymbol{x} = (x_1, x_2, \cdots, x_n)^t$ としたとき、多項ロジスティック回帰のモデルは以下の式で表せます。

$$p(c_k|\boldsymbol{x}) = \pi(a_k)$$

$$a_k = (W\boldsymbol{x} + \boldsymbol{b})_k$$

ここで W は K 行 n 列の行列、$\boldsymbol{b}$ は K 次元ベクトル、そして π は softmax 関数です。また $(W\boldsymbol{x} + \boldsymbol{b})_k$ は $W\boldsymbol{x} + \boldsymbol{b}$ の k 次元の値です。

上の式から明らかなように、多項ロジステック回帰は図 4.3 のようなネットワークで表現できます。

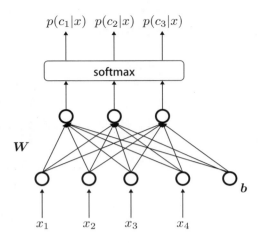

図 4.3　多項ロジスティック回帰に対する NN

Iris データに対して多項ロジステック回帰の学習部分（つまり W と b の推定）を Chainer で書くと、以下のようになります。

logistic.py

```
class IrisLogi(Chain):
    def __init__(self):
        super(IrisLogi, self).__init__(
            l1=L.Linear(4,3),
        )

    def __call__(self,x,y):
        return F.mean_squared_error(self.fwd(x), y)

    def fwd(self,x):
         return F.softmax(self.l1(x))

model = IrisLogi()
optimizer = optimizers.Adam()
optimizer.setup(model)
```

パラメータの更新部分は先ほどのコードと同じです。

第5章

Trainer

第5章 Trainer

Chainer のバージョン 1.11 から Trainer が導入されました。前章で Chainer のプログラムの全体像を示しましたが、Trainer はその (4) の学習部分を簡潔に記述できるようにしたものです。単純な回帰の問題や分類問題なら、学習の部分で特に変わったことを行う必要がないので、Trainer を使うのがよいでしょう。

ここでは前章で用いた Iris データを使って、Trainer の実装例を示します。

5.1 Trainer を利用する場合の全体図

まず Trainer を利用する場合の全体図を示しておきます。前章で示した全体図とほぼ同じですが、(4) の学習部分が異なります。また、データを準備する部分でデータを `tuple_dataset` の形にする必要があるのも異なる点です。

(1)
```
tuple_datasetによるデータの準備・設定
```

(2)
```
class MyModel (Chain):
  def __init__(self):
    super(MyModel, self).__init__(
      パラメータを含む関数の宣言
    )
  def __call__(self, x, y):
    損失関数
```

(3)
```
model = MyModel()
optimizer = optimizer.Adam()
optimizer.setup(model)
```

(4)
```
iterator = iterators.SerialIterator(tdata, bsize)
updater = training.StandardUpdater(iterator, optimizer)
trainer = training.Trainer(updater, (ep, 'epoch'))
# trainer.extend(……)   # お好みで
trainer.run()
```

(5)
```
結果の出力
```

図 5.1 Trainer を使った全体図

5.2 tuple data set

　Trainer を利用する場合、訓練データは tuple_dataset の形にする必要があります。訓練データに対する配列 xtrain とその教師データに対する配列 ytrain を用意し、TupleDataset を呼び出せば作れます。

　まず sklearn から変数 xtrain、ytrain、xtest、yans を作る部分は前章の iris0.py のものと同じです。これを tuple_dataset の形にするのは、以下のように tuple_dataset.TupleDataset を呼び出すだけです。

iris0-trainer.py

```
>>> train = tuple_dataset.TupleDataset(xtrain, ytrain)
```

　i 番目のデータは train[i] で参照できます。train[i][0] が i 番目の訓練データ、train[i][1] が i 番目の訓練データの教師データです。

iris0-trainer.py

```
>>> train[2][0]   ## 3番目の訓練データ
array([ 5.4000001 , ・・・ , 0.40000001], dtype=float32)
>>> train[2][1]   ## 3番目の訓練データの教師データ
array([ 1.,  0.,  0.], dtype=float32)
```

　分類問題の場合、損失関数として softmax_cross_entropy を使い、教師データをラベル（整数値）にしておくのがよいです。また回帰の問題の場合は、教師データは実数値ベクトルです。上記の例は回帰の問題となっています。

5.3 学習部分

　モデルの定義も iris0.py のものと同じです。またプログラムの全体図の (3) の部分（モデルの作成と最適化関数の設定の部分）も同じです。Trainer を利用する場合は、学習部分が異なります。

　まず以下の 3 行で学習のセッティングを行います。

第 5 章　Trainer

iris0-trainer.py

```
>>> iterator = iterators.SerialIterator(train, 25)
>>> updater = training.StandardUpdater(iterator, optimizer)
>>> trainer = training.Trainer(updater, (5000, 'epoch'))
```

SerialIterator の第 2 引数の 25 というのはバッチサイズです。Trainer の第 2 引数の (5000, 'epoch') は繰り返しが 5000 epoch という意味です。SerialIterator、StandardUpdater、そして Trainer が中心となる関数ですが、それぞれオプションがいくつかあります。詳しくは以下のマニュアルを参照してください。

http://docs.chainer.org/en/stable/reference/core/training.html

学習のセッティングの後に次の 1 行で学習が実行されます。問題によりますが、時間がかかる場合が普通です。

iris0-trainer.py

```
>>> trainer.run()
```

学習が終了すればモデルができているので、後はそのモデルを保存したり、テストを行ったりします。テストの部分は iris0.py と同じです。

モデルだけを作りたいのであれば、上記の形で構いません。ただし上記の形では、学習がどこまで進んだのかわかりませんし、学習の途中結果を保存しておくこともできません。そのようなことを行いたい場合は、trainer.run() の直前に、extended を使って、trainer に拡張機能を設定します。どのような拡張ができるかは、以下のマニュアルを参照してください。

http://docs.chainer.org/en/stable/reference/extensions.html#extensions

ProgresBar というのは学習がどれだけ進んでいるのかを棒グラフで表示するというお手軽な拡張機能です。trainer.run() を実行する前に、以下で設定し

ておきます。

iris0-trainer.py

```
>>> trainer.extend(extensions.ProgressBar())
```

最後に注意ですが、model を設定した後に学習部分では model という変数が現れていません。つまり model から損失を計算する部分が隠蔽されています。これはモデルを定義する部分で __call__ の引数が規定されていることを意味します。__call__ では損失関数を記述すればよいのですが、その引数は2つで第1引数がデータのバッチ、第2引数が対応する教師データのバッチにしなければなりません。通常の分類問題や回帰の問題なら、自然にこの形になるので気にしなくても問題ありませんが、念のため注意は必要です。

5.4　iteratorsのみの使用

損失関数の部分が複雑になって trainer で学習させるのが面倒になった場合でも、iterators だけは利用できます。iterators はミニバッチのためにデータを分割する処理を自動でやってくれるので便利です。

ただ、iterators を使うにはデータを tuple_dataset の形にする必要があるので、その部分が手間です。なので iterators のみの使用は一長一短ですが、tuple_dataset の形に慣れているのであれば、利用してもよいかもしれません。

iris0.py において iterators を使ってみます。まず訓練データを tuple_dataset の形にするのは iris0-trainer.py と同じです。

iris0-iterator.py

```
train = tuple_dataset.TupleDataset(xtrain, ytrain)
```

学習部分は以下のようになります。

iris0-iterator.py

```
bsize = 25
for n in range(5000):
    for bd in iterators.SerialIterator(train, bsize, repeat=False):
        x, t = decomp(bd, bsize)
        model.cleargrads()
        loss = model(x, t)
        loss.backward()
        optimizer.update()
```

上記の変数 bd が tuple_dataset の形のバッチデータになっています。これを通常の訓練データのバッチと教師データのバッチに分解する関数として decomp という関数を作りました。decomp の中身は以下です。

iris0-iterator.py

```
def decomp(batch, batchsize):
    x = []
    t = []
    for j in range(batchsize):
        x.append(batch[j][0])
        t.append(batch[j][1])
    return Variable(np.array(x)), Variable(np.array(t))
```

第6章

Denoising AutoEncoder

第 6 章　Denoising AutoEncoder

第 4 章では Iris データを利用して、簡単な分類問題を Chainer で作ってみました。ただ、これは古典的 NN であり、Chainer での書き方を紹介したものでした。本章も Chainer の書き方の練習として、AutoEncoder（AE）を作ってみます。

6.1　AutoEncoder（AE）

AutoEncoder（AE）は、出力データが入力データをそのまま再現する 3 層の NN です。そのため、入力層から中間層への変換器は encoder、中間層から出力層への変換器は decoder と呼ばれます。中間層のノード数は入力データの次元数以上だと encoder が恒等関数になるので、中間層のノード数は入力データの次元数よりも小さくないと意味はありません。つまり、中間層の出力は入力データを次元縮約したものを表現していると言えます。

Iris データを 2 次元に縮約してみます。ネットワークで表すと、図 6.1 のようになります。

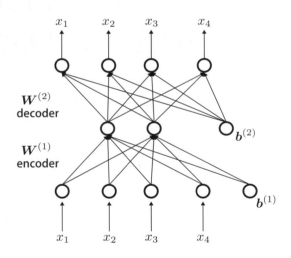

図 6.1　4 次元から 2 次元への AE

次にこれを Chainer で書いてみます。Chain クラスの MyAE の損失関数の部分で教師信号が入力データ x になっているのがポイントです。

6.1 AutoEncoder (AE)

ae.py

```python
iris = datasets.load_iris()
xtrain = iris.data.astype(np.float32)

class MyAE(Chain):
    def __init__(self):
        super(MyAE, self).__init__(
            l1=L.Linear(4,2),
            l2=L.Linear(2,4),
        )
    def __call__(self,x):
        bv = self.fwd(x)
        return F.mean_squared_error(bv, x)
    def fwd(self,x):
        fv = F.sigmoid(self.l1(x))
        bv = self.l2(fv)
        return bv

model = MyAE()
optimizer = optimizers.SGD()
optimizer.setup(model)

n = 150
bs = 30
for j in range(3000):
    sffindx = np.random.permutation(n)
    for i in range(0, n, bs):
        x = Variable(xtrain[sffindx[i:(i+bs) if (i+bs) < n else n]])
        model.cleargrads()
        loss = model(x)
        loss.backward()
        optimizer.update()
```

Iris データは最初の 50 個のクラスが 0、次の 50 個のクラスが 1、残りの 50 個のクラスが 2 となっています。この情報を利用して、以下のプログラムで縮約したデータをプロットしてみます。

```
>>> import matplotlib.pyplot as plt
>>> x = Variable(xtrain)
>>> yt = F.sigmoid(model.l1(x))
>>> ans = yt.data
>>> ansx1 = ans[0:50,0]
>>> ansy1 = ans[0:50,1]
>>> ansx2 = ans[50:100,0]
>>> ansy2 = ans[50:100,1]
>>> ansx3 = ans[100:150,0]
>>> ansy3 = ans[100:150,1]
>>> plt.scatter(ansx1,ansy1,marker="^")
<matplotlib.collections.PathCollection object at ・・・>
>>> plt.scatter(ansx2,ansy2,marker="o")
<matplotlib.collections.PathCollection object at ・・・>
>>> plt.scatter(ansx3,ansy3,marker="+")
<matplotlib.collections.PathCollection object at ・・・>
>>> plt.show()
```

結果は図 6.2 のとおりです。"▲" がクラス 0、"●" がクラス 1、"+" がクラス 2 を表しています。ほぼクラスごとにまとまっており、うまく縮約できているようです。

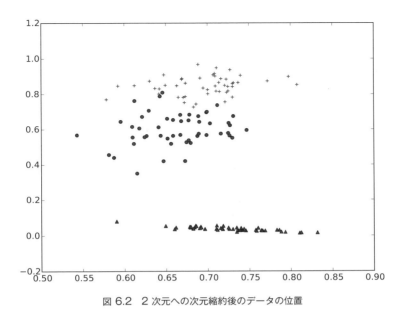

図 6.2　2 次元への次元縮約後のデータの位置

6.2　Denoising AutoEncoder（DAE）

　AE では中間層のノード数が入力層のノード数（入力ベクトルの次元数）よりも大きいと、encoder が恒等関数になってしまうという問題があり、中間層のノード数は入力ベクトルの次元数よりも小さくしないといけません。AE を次元縮約として使うのならこれで問題はありませんが、次元縮約とは逆に入力ベクトルをより高次元の空間に射影したい場合に AE が使えません。高次元に射影して何かうれしいことがあるのかどうかは難しいですが、例えば、SVM のように高次元に射影すれば、その空間では識別が線形で行える、などということがあるかもしれません。Denoising AutoEncoder（DAE）は高次元に射影することも可能にした AE の改良版です。また、高次元への射影ではなく、通常の次元縮約にもDAE を利用できます。この場合でも、経験的に AE の改良になっているようですが、理論的に示すのは難しいようです。

　前述したとおり DAE は高次元に射影することも可能にした AE の改良版ですが、入力のベクトルに少しノイズを入れるだけの簡単な改良です。ガウスノイズ

第 6 章　Denoising AutoEncoder

を入れたり、一部の 0 と 1 を反転したりします[注1]。

　Chainer で DAE を実現するのも簡単です。適当に訓練データにノイズを入れたものを入力、ノイズを入れないものを教師データとして、通常の NN で実現できます。

　参考までに、画像に対してはノイズを入れることがよくあります。訓練データを増やす意味もありますが、スキャナーの読み込みをシミュレーションするといった目的もあります。ですので、画像に関してはノイズを入れる処理はほぼ定石化して存在しています。以下のサイトにプログラム例があるので、参照してみるとよいでしょう。

```
https://github.com/bohemian916/deeplearning_tool/blob/\
master/increase_picture.py
```

[注1]　塩胡椒ノイズ（salt and pepper noise）と呼ばれています。

第7章

Convolution Neural Network

第 7 章 Convolution Neural Network

Deep Learning は画像認識の分野での大きな進展から注目され出しました。その進展において大きな役割を果たしたのが、畳み込みニューラルネットワーク (Convolution Neural Network、以下 CNN) という技術です。

CNN は通常のフィードフォワードのニューラルネットの 1 つの層として捉えられるので、システムから CNN の関数が提供されていれば、そのプログラミングは容易です。CNN が Deep Learning の中心的技術であるため、あらゆる Deep Learning のフレームワークには CNN を簡単に実装できる仕組みが組み込まれているはずです。Chainer では CNN のための関数を提供しています。それらを使えば、Chainer で CNN を実装するのは簡単です。

ただ、CNN がどういった処理をしているかを知らないと、CNN に関する関数の入出力やパラメータの意味が理解できません。そこで、本章では CNN がどういった処理をしているかを中心に解説します。

7.1 NN と CNN

まず CNN の概略を知るために、通常の NN と CNN を比較してみます。図 7.1 の左が通常の NN で、右が CNN です。

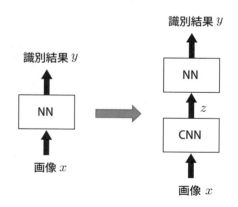

図 7.1 NN から CNN へ

どちらも入力画像 x からその識別結果 y を出力します。違いは CNN は CNN と書かれたネットワーク部分を経て x を z に変換してから NN に入力している

点です。CNN の識別の精度が NN よりも高いのは、NN の学習部分が効果的になるように x を z に変換しているからです。

より学習が効果的になるように変換するとは、どういうことでしょうか。これは本質的には、識別に効果がある特徴を抽出するということを意味します。Deep Learning 以前の機械学習では、どのような特徴が識別に効果があるかは経験的に人間が手作業で設計する作業でしたが、CNN は上記の変換部分を自動で行うことできます。これは非常に画期的なことで、この技術が現在の Deep Learning を生み出したと言えるでしょう。

7.2 畳み込み

CNN の中心となる仕組みは畳み込みという処理です。ここではこの処理を解説します。

まず CNN の入力となる画像について述べます。画像はその画像の点（ピクセル）の集合です。ここでは簡単に白黒画像で縦横 9 ピクセルからなる画像を例にすることにします。するとこの画像は、9×9 の行列で表現できます。白黒なので、ここでは白を 0、黒を 1 とすれば、行列の要素は 0 か 1 の値となります[注1]。ここでは例として、図 7.2 のような画像を考えてみます。数字の 2 の画像です。

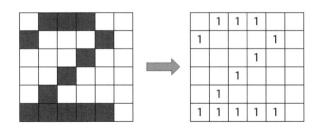

図 7.2 数字 2 の画像の例

次にフィルターと呼ばれる、画像の特徴を抽出する小さな画像を用意します。ここでは図 7.3 のような 3×3 の行列のフィルターを考えてみます。

[注1] ハード的には 0 が光がない状態のため黒を表し、1 が白を表す形にするのが普通です。ここでは紙面での説明のために逆にしています。

第 7 章　Convolution Neural Network

図 7.3　フィルターの例

　次にこのフィルターを先の数字 2 の画像の左上の部分に合わせて、重なっている 9 個のセル各々に対して、それらのセルの数値を掛け算します。そしてこの 9 個の掛け算の結果を合計します。画像とフィルターのどちらかのセルが 0 であれば掛け算の結果は 0 になるので、この例の場合だと、画像とフィルターの両方が 1 になっている部分（右上のセル）だけが 1 になり、その他は 0 なので、合計値は 1 となります。

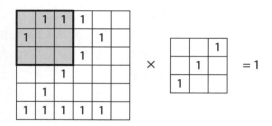

図 7.4　フィルターを当てて特徴抽出（1）

　次にこのフィルターを 1 セル分右にずらします。そしてまた先の処理（重なっているセルを掛け算して合計をとるという処理）を行います。今度も合計値は 1 になります。

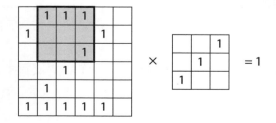

図 7.5　フィルターを当てて特徴抽出（2）

このようにフィルターを順にずらしていき、右まで移動したら、1セル分下げて、右にずらしていくという処理を繰り返します。最終的に右下の部分まで移動したら終了です。そして、各合計値からその結果の行列を作成します。

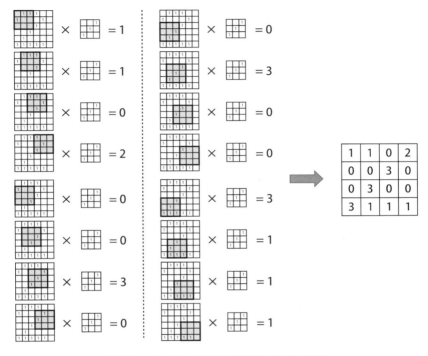

図 7.6　フィルターを当てた特徴抽出の結果の行列

この処理が畳み込みと呼ばれるものです。畳み込みにより得られた行列は、元の画像の各領域部分にどの程度フィルターと類似している画像が存在していたかを表しています。この例では、数値3のセルを持つ左斜めの部分にこのフィルターと類似部分があることがわかります。

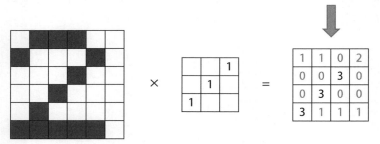

図 7.7　畳み込みの結果

7.3　プーリング

CNN では上記の畳み込みの後にさらにプーリングと呼ばれる領域を圧縮する処理を行います。例えば畳み込まれた行列を 2×2 の領域に区切り[注2]、max_pooling では各領域の中の最大値をその領域の値とします。

図 7.8　max_pooling

以上の畳み込みとプーリングをセットとした処理が、ネットワークの1つの層になっています。そして、このセットの層をさらに何層か重ねたものが CNN です。

注2　この例だと誤解されやすくなっていますが、全体を 2×2 に分割するという意味ではなく、2×2 の領域の行列で区切っていくという意味です。

7.4 学習の対象

　CNN の場合、学習の対象はフィルターです。ここまでの例では固定したフィルター1個を使って説明してきました。フィルターを使って畳み込みの処理を行った結果は、入力画像をそのフィルターで特徴付けたデータになっています。そしてこのデータを通常の NN に渡し、教師データとの誤差から誤差逆伝播法を用いて、NN のパラメータが更新されますが、それと同時に、フィルター自体も更新されていきます。

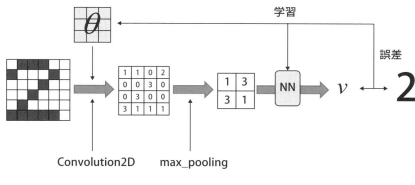

図 7.9　フィルターの学習

　またフィルターは前述の例では1つでしたが、通常の CNN ではフィルターをたくさん用意します。そして各フィルターが識別に効果的な各特徴を表すように更新されていきます。

7.5 NNによる画像識別

　Chainer で CNN のプログラムを作る前に、比較のために NN のプログラムも作ってみます。
　使うデータは MNIST という有名な手書き数字の画像データです。Chainer では関数 datasets.get_mnist により簡単に利用できます。ndim は画像のどの次元で保存するかを指定しています。ここでは通常の画像である ndim=3 として3次元で保存します。

mnist-nn.py

```
train, test = datasets.get_mnist(ndim=3)
```

　上記によって得られる train と test が MNIST の訓練データとテストデータです。どちらも画像データとそのラベルのペアからなる tuple_dataset の形になっています。画像は $1 \times 28 \times 28$ の 3 次元配列です。ラベルは画像が数値の画像なので、その数値自体、つまり 0 から 9 の整数値です。またデータ数は train は 60,000 データ、test は 10,000 データです。

　画像は $1 \times 28 \times 28 = 784$ の大きさなので、入力層の次元数は 784 です。また出力層はラベルが 0 から 9 の 10 種類なので、10 次元です。構築する NN は 4 層として、以下のようなモデルでやってみます。

mnist-nn.py

```
class MyModel(Chain):
    def __init__(self):
        super(MyModel, self).__init__(
            l1=L.Linear(784,100),
            l2=L.Linear(100,100),
            l3=L.Linear(100,10),
        )

    def __call__(self, x,t):
        return F.softmax_cross_entropy(self.fwd(x),t)

    def fwd(self, x):
        h1 = F.relu(self.l1(x))
        h2 = F.relu(self.l2(h1))
        return self.l3(h2)
```

　訓練データ train が tuple_dataset の形であり、しかもこの場合、単純な分類問題なので学習は trainer を使うのが簡単です。

mnist-nn.py

```
model = MyModel()
optimizer = optimizers.Adam()
optimizer.setup(model)

iterator = iterators.SerialIterator(train, 1000)
updater = training.StandardUpdater(iterator, optimizer)
trainer = training.Trainer(updater, (10, 'epoch'))
trainer.extend(extensions.ProgressBar())

trainer.run()
```

評価の部分は以下です。

mnist-nn.py

```
ok = 0
for i in range(len(test)):
    x = Variable(np.array([ test[i][0] ], dtype=np.float32))
    t = test[i][1]
    out = model.fwd(x)
    ans = np.argmax(out.data)
    if (ans == t):
        ok += 1

print (ok * 1.0)/len(test)
```

mnist-nn.py を実行した結果は 0.9679 でした。単純な NN でもかなり精度が高いことがわかります。

7.6 CNNによる画像識別

Chainer で CNN を実装する場合、畳み込みとプーリングの処理をどう書くかだけがポイントです。基本的に使うのは L.Convolution2D と F.max_pooling_2d です。

先ほどの mnist-nn.py の NN のモデルの部分を、以下のような CNN のモデル

第 7 章　Convolution Neural Network

に変更しました。このモデルを例にして上記 2 つの関数を説明します。

mnist-cnn.py

```
class MyModel(Chain):
    def __init__(self):
        super(MyModel, self).__init__(
            cn1=L.Convolution2D(1,20,5),
            cn2=L.Convolution2D(20,50,5),
            l1=L.Linear(800,500),
            l2=L.Linear(500,10),
        )

    def __call__(self, x,t):
        return F.softmax_cross_entropy(self.fwd(x),t)

    def fwd(self, x):
        h1 = F.max_pooling_2d(F.relu(self.cn1(x)),2)
        h2 = F.max_pooling_2d(F.relu(self.cn2(h1)),2)
        h3 = F.dropout(F.relu(self.l1(h2)))
        return self.l2(h3)
```

　このモデルは 5 層のネットワークになっています。入力層である第 1 層と第 2 層をつなぐのが cn1、第 2 層と第 3 層をつなぐのが cn2、第 3 層と第 4 層をつなぐのが l1、そして第 4 層と出力層である第 5 層をつなぐのが l2 となっています。第 3 層以上の層の部分の解説は不要でしょう。ただし、l1 の入力となるベクトルの次元が 800 になっているのは、適当に決めたわけではなく、cn1 と cn2 の設定から計算されたものです。

　畳み込みの関数は L.Convolution2D により定義します。cn1=L.Convolution2D (1,20,5) により cn1 が畳み込みの関数となります。関数 cn1 の入出力とパラメータを L.Convolution2D の引数から定義しています。第 1 引数は入力画像のチャンネル数です。ここでいうチャンネル数というのは、重ね合わせられた画像の枚数です。通常、画像は平面的なイメージなので常に 1 のようにも感じますが、画像がカラーだとその画像は（R,G,B）の 3 色の画像からなっており、R の画像、G の画像、B の画像の 3 枚の画像が重なっているものです。なので、入力画像がカラーだと画像の枚数は 3 となります。色の観点でしか見ないとチャンネ

ル数は 1 か 3 しかないように思えますが、実際はチャンネルはいくらでもあります。重ね合わせられた画像の枚数がチャンネル数です。コンピュータで扱う画像は一般に 3 次元配列であると認識しておいたほうがよいでしょう。とりあえず MNIST は幸いグレースケールの画像なので、ここでの第 1 引数は 1 となります。第 2 引数は設定するフィルターの数です。ここでは 20 個のフィルターを設定しました。第 3 引数はフィルターのサイズです。一般にサイズは縦 a 横 b の長さを並べた (a, b) で表しますが、フィルターが正方形 (a, a) の場合、a で略記できます。第 2 引数と第 3 引数から関数 cn1 のパラメータはサイズ $(5, 5)$ のフィルター 20 個であることがわかります。

入力画像が x のとき、cn1(x) は畳み込まれた複数枚の画像です。この場合、入力画像のサイズが $(28, 28)$ でフィルターのサイズが $(5, 5)$ なので、出力画像のサイズは $(24, 24)$ となります。またフィルターの枚数が 20 枚なので、cn1(x) はサイズ $(24, 24)$ の画像が 20 枚です。これは 3 次元の配列 $(20, 24, 24)$ で表現されます。これが関数 cn1 の出力です。この出力に対して関数 F.relu を適用して、その結果に対してプーリングの処理を行います。プーリングの処理に、ここでは F.max_pooling_2d を用います。F.max_pooling_2d の第 1 引数は画像を表す 3 次元配列です。そして第 2 引数はプーリングの処理で行う区分けする領域の大きさです。これも通常は縦 a 横 b の長さを並べた (a, b) で表しますが、領域が正方形 (a, a) の場合、a で略記できます。上記例では第 2 引数は 2 で、サイズ $(24, 24)$ の画像をサイズ $(2, 2)$ の領域で区分けするので、結果としてサイズ $(12, 12)$ の画像が得られます。F.max_pooling_2d の入力は 20 枚の画像だったので、結局 h1 はサイズ $(12, 12)$ の画像が 20 枚、つまり、3 次元配列 $(20, 12, 12)$ となります。

畳み込みの関数 cn2 の入力は h1 です。前述したように h1 は 3 次元の配列 $(20, 12, 12)$ であり、その意味は $(12, 12)$ の画像が 20 枚なので、cn2=L.Convolution2D(20,50,5) の第 1 引数が 20 になっています。フィルターのサイズが $(5, 5)$、画像のサイズが $(12, 12)$ なので、畳み込まれた画像のサイズは $(8, 8)$ となります。ここで注意が必要です。関数 cn2 の入力はサイズ $(12, 12)$ の画像 20 枚が重ねられたものであり、3 次元配列 $(20, 12, 12)$ です。これまでに出した例では畳み込みの対象となる画像は 1 枚でした。そのためフィルターも 1 枚で済みました。畳み込みの対象が n 枚の画像である場合、そのフィルターも n 枚が重ねられたものになります。つまりここでのフィルターのサイズは、実際は $(5, 5)$ ではなく $(20, 5, 5)$ です。

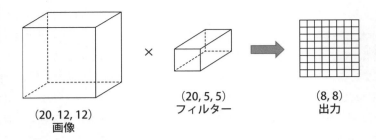

図 7.10　3 次元のフィルター

　ただ、畳み込まれた結果は 1 枚の画像（2 次元配列）になるのは変わりません。よって関数 cn2 の出力はサイズが $(8, 8)$ の画像が 50 枚、つまり 3 次元配列 $(50, 8, 8)$ となります。この配列に対して関数 F.relu を適用して、その結果に対してプーリングの処理を行います。先ほどと同様、F.max_pooling_2d の第 2 引数は 2 であるので、サイズ $(8, 8)$ の画像をサイズ $(2, 2)$ の領域で区分けし、結果としてサイズ $(4, 4)$ の画像が得られます。この画像が 50 枚あるので、h2 はサイズ $(4, 4)$ の画像が 50 枚、つまり、3 次元配列 $(50, 4, 4)$ となります。

　3 次元配列 $(50, 4, 4)$ は 1 次元に直すと 800 次元です。このため、線形作用素 l1 の入力ベクトルの次元数は 800 次元になっています。

　線形作用素 l2 や最終出力の h3 の説明は不要でしょうから省きます。

　プログラム mnist-cnn.py の全体は mnist-nn.py とモデルの定義が異なるだけで、後は同じです。

　mnist-cnn.py を実行した結果は 0.9870 でした。mnist-nn.py が 0.9679 だったので、CNN を用いることで精度がかなり改善されました。

第8章

word2vec

第 8 章 word2vec

自然言語処理の研究分野では、word2vec[注1]により単語の分散表現を求め、その分散表現を用いた研究が活発です。本章では word2vec のアルゴリズムを説明するとともに、それをどのようにニューラルネットの形で実装させるのかを解説します。word2vec の Chainer によるプログラムは Chainer の example として公開されているので、そのプログラムも参考になります。ここではプログラムの説明よりもプログラムの作り方のほうに焦点を当てて解説します。

8.1 分散表現

単語の分散表現とは、その単語の意味を低次元[注2]の密な実数値ベクトルで表現したものです。従来、単語の意味をこのように実数値ベクトルで表すには、BOW (bag of word) というモデルが用いられていました。根底にあるアイデアは、「単語の意味はその周辺単語の分布により知ることができる」という、分布仮説と呼ばれる仮説です[注3]。この「周辺単語の分布」を表す最も簡単な方法が、共起単語の出現分布です。そして共起単語に順序は関係なく、それは袋に詰めた単語の集合の形になっています。このため、共起単語の出現分布をベクトルで表現したものは、BOW のベクトルと呼ばれます。

例えば、「本」という単語とその単語が現れた以下の文を考えてみます。"/" は単語区切りを表しています。

　　　昨日/読んだ/本/は/面白かっ/た/。

1 文内の単語を共起単語と定義すれば、「本」の共起単語は「昨日」「読む」「面白い」の 3 つです[注4]。このようにしてコーパス内で「本」を含む全ての文から共起単語を取り出すと、共起単語 w の頻度 $n(w)$ が得られます。辞書にある自立語が V 種類だとすれば、各自立語に 1 から V の id を付与することができます。すると「本」に対して、以下のようなベクトルを作ることができます。

[注1] word2vec は手法の名前でもあり、プログラム（システム）の名前でもあります。ここでは手法の名前として扱っています。
[注2] ここで言う低次元とは、だいたい 10 次元から 1000 次元くらいのものです。
[注3] 分布仮説は色々な言い方がされます。
[注4] 共起単語は自立語に限定し、しかも原形に戻しています。

$$(n(w_1), n(w_2), \cdots, n(w_V))$$

これを何らかの形で正規化したベクトルが、「本」の意味を表す BOW のベクトルです。正規化するには単純に大きさを 1 にしたり、$n(w_i)$ を w と w_i の共起の強さ（例えば相互情報量など）で変換することなどで行います。BOW のベクトルの次元数は辞書にある自立語の種類数 V なので、10 万から 100 万くらいの数になります。そのため、BOW のベクトルは高次元でしかもスパースなベクトルです。

BOW のベクトルは色々役に立つのですが、基本的に 2 単語間の類似性しか計算できません。それにスパースな高次元ベクトルというのは、一般に、表現に冗長性が含まれており、適切にその実体（この場合は意味）を表現できてはいません。そのために特異値分解やトピックモデルなどを利用して、BOW のベクトルを次元縮約し、より適切に意味を表現したベクトルを作る研究がなされてきました。これらも一種の分散表現です。

word2vec による分散表現の構築方法は、BOW のベクトルの次元縮約というアプローチとは異なるものです。感覚的には、コーパスから一気に単語の意味を表す低次元のベクトルを構築しているイメージです。

8.2 モデルの式

word2vec の入力はコーパスで、出力はコーパスに出現する各単語の分散表現です。入力のコーパスは長い単語列と見なせます。その列の長さを T とし、コーパスの単語列を $w_1, w_2, \cdots, w_T$ とします。

位置 t の単語 w_t に対して、その文脈 c_t を考えます。具体的に c_t は w_t の前後 b 単語内の集合です。

$$c_t = \{w_{t-b}, w_{t-b+1}, \cdots, w_{t-1}, w_{t+1}, w_{t+2}, \cdots, w_{t+b}\}$$

word2vec では $p(c_t|w_t)$ をモデル化します。このモデルの中に w_t の分散表現がパラメータとして含まれる形になります。そして以下の対数尤度（目的関数）を最大化することで、パラメータを求めるという流れです。

$$L = \sum_{t=1}^{T} \log p(c_t|w_t) \tag{8.1}$$

$p(c_t|w_t)$ のモデルとしては、skip-gram モデル（SG）と continuous BOW モデル（CBOW）の2つが提案されています。ここでは SG だけを説明します。一般にコーパスがあまり大きくないときは SG、大きいときは CBOW のほうが良い分散表現ができるようです。SG では $p(c_t|w_t)$ を以下のようにモデル化します。

$$p(c_t|w_t) = \prod_{c \in c_t} p(c|w_t)$$

これを式 8.1 に代入すると、以下が得られます。

$$L = \sum_{t=1}^{T} \sum_{c \in c_t} \log p(c|w_t) \tag{8.2}$$

次に $p(c|w_t)$ を以下でモデル化します。

$$p(c|w_t) = \frac{\exp(\bm{v}_c \cdot \bm{v}_{w_t})}{\sum_{w' \in V} \exp(\bm{v}_c \cdot \bm{v}_{w'})} \tag{8.3}$$

ここで $\bm{v}_x$ が単語 x の分散表現です。また、V はコーパス中に現れる全種類の単語です。これを式 8.2 に代入すると、以下が得られます。

$$L = \sum_{t=1}^{T} \sum_{c \in c_t} \left((\bm{v}_c \cdot \bm{v}_{w_t}) - \log \sum_{w' \in V} \exp(\bm{v}_c \cdot \bm{v}_{w'}) \right) \tag{8.4}$$

これで分散表現をパラメータとした目的関数 L が設定できたので、あとは式 8.4 の L を最大化するようにパラメータを求めるだけです。しかし、この計算は式 8.4 の

$$\sum_{w' \in V} \exp(\bm{v}_c \cdot \bm{v}_{w'})$$

の計算コストが高すぎて一般には計算できません。この部分の計算を高速化する工夫が Negative Sampling（NE）という手法です[注5]。

[注5] コーパスが小さく、式 8.4 の計算が大変でなければ、Negative Sampling は不要です。

8.2 モデルの式

目標は式 8.3 を計算コストの低い式に近似することです。そのために $p(D=1|c,w_t)$ および $p(D=0|c,w_t)$ という確率を考えます。前者は単語 c と w_t が共起してコーパス D に出現する確率、後者は出現しない確率を表します。これらの確率を用いて、式 8.3 を以下のように近似します[注6]。

$$p(c|w_t) = \frac{\exp(\boldsymbol{v}_c \cdot \boldsymbol{v}_{w_t})}{\sum_{w' \in V} \exp(\boldsymbol{v}_c \cdot \boldsymbol{v}_{w'})} \approx p(D=1|c,w_t) \prod_{c' \in Ng} p(D=0|c',c) \quad (8.5)$$

さらに $p(D=1|c,w_t)$ を以下のように定義します。

$$p(D=1|c,w_t) = \sigma(\boldsymbol{v}_c \cdot \boldsymbol{v}_{w_t})$$

すると、シグモイド関数 $\sigma(x)$ の定義から以下が成立します。

$$p(D=0|c',c) = 1 - p(D=1|c',c) = 1 - \sigma(\boldsymbol{v}_{c'} \cdot \boldsymbol{v}_c) = \sigma(-\boldsymbol{v}_{c'} \cdot \boldsymbol{v}_c)$$

以上から、式 8.3 は以下のように近似できます。

$$p(c|w_t) \approx \sigma(\boldsymbol{v}_c \cdot \boldsymbol{v}_{w_t}) \prod_{c' \in Ng} \sigma(-\boldsymbol{v}_{c'} \cdot \boldsymbol{v}_c) \quad (8.6)$$

式 8.6 の近似式を利用すると、式 8.2 は以下のように変形できます。

$$L = \sum_{t=1}^{T} \sum_{c \in c_t} \left(\log \sigma(\boldsymbol{v}_c \cdot \boldsymbol{v}_{w_t}) + \sum_{c' \in Ng} \log \sigma(-\boldsymbol{v}_{c'} \cdot \boldsymbol{v}_c) \right) \quad (8.7)$$

上記の式の中で Ng が出てきていますが、これはコーパス D の中からノイズ分布と呼ばれるある分布に従って、単語を k 個サンプリングした結果の集合です。

$$Ng = \{u_1, u_2, \cdots, u_k\}$$

よって、式 8.7 をもう少し具体的に書くと、以下になります。

[注6] これは softmax 関数の近似を行う Noise Contractive Estimation という手法です。

$$L = \sum_{t=1}^{T} \sum_{c \in c_t} \left(\log \sigma(\boldsymbol{v}_c \cdot \boldsymbol{v}_{w_t}) + \sum_{i=1}^{k} \log \sigma(-\boldsymbol{v}_{u_i} \cdot \boldsymbol{v}_c) \right) \tag{8.8}$$

上記のノイズ分布ですが、実験的に以下の分布を使うのが良いようです。

$$p(w) = \frac{U(w)^{0.75}}{\sum_{v=1}^{V} U(w_v)^{0.75}}$$

ここで $U(w)$ は単語 w のコーパス D 内の頻度、つまり w の unigram です。

8.3 計算のためのネットワーク

実は Chainer では word2vec を実装するための関数群が提供されているので、それらを使えばプログラムを簡単に実装できます。ただ、ここでは作り方を説明するためにあえてベタに実装してみます。

目標は式 8.8 の L の最大化です。説明のために文脈窓を $b = 2$、負例のサンプル数を $k = 3$ としてみます。w_t が注目している単語のときに共起する単語は、以下の 4 単語です。

$$w_{t-2}, w_{t-1}, w_{t+1}, w_{t+2}$$

これら 4 単語の各々に対して 3 つの負例がサンプリングされるので、合計 12 単語の負例がサンプリングされます。

$$u_{-2,1}, u_{-2,2}, , u_{-2,3}, u_{-1,1}, \cdots, u_{2,1}, u_{2,2}, u_{2,3}$$

以上から以下の 16 個の組み合わせのデータが作られます。これが w_t から作られる入力データです。

$$(w_{t-2}, w_t), (w_{t-1}, w_t), (w_{t+1}, w_t), (w_{t+2}, w_t),$$
$$(w_{t-2}, u_{-2,1}), (w_{t-2}, u_{-2,2}), (w_{t-2}, u_{-2,3}),$$
$$(w_{t-1}, u_{-1,1}), (w_{t-1}, u_{-1,2}), (w_{t-1}, u_{-1,3}),$$
$$(w_{t+1}, u_{1,1}), (w_{t+1}, u_{1,2}), (w_{t+1}, u_{1,3}),$$

$$(w_{t+2}, u_{2,1}), (w_{t+2}, u_{2,2}), (w_{t+2}, u_{2,3})$$

上記の各入力データの教師信号が必要ですが、L を最大化することを考えれば、$\bm{v}_{w_b} \cdot \bm{v}_{w_t}$ を ∞、$\bm{v}_{u_i} \cdot \bm{v}_{w_t}$ を $-\infty$ に設定すればよいものの、∞ だと扱いが面倒なので、式 8.8 にあるようにシグモイド関数 σ を被せて、$\sigma(\bm{v}_{w_b} \cdot \bm{v}_{w_t})$ は 1 に、$\sigma(\bm{v}_{u_i} \cdot \bm{v}_{w_t})$ は 0 に設定することにします。よって、プリミティブな入力データとしては単語のペアの集合、その教師データは 1 か 0 となります。

以上から、ネットワーク図を描くと図 8.1 のようになります。

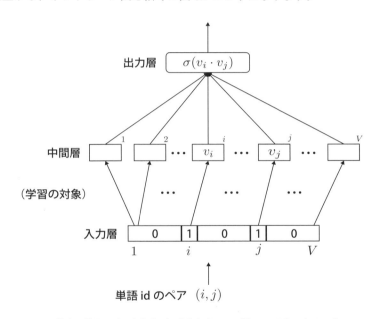

図 8.1　単語のペアを入力データとした word2vec のネットワーク

図 8.1 において、V はコーパス中に出現する単語の種類数です。つまり、各単語に 1 から V までのいずれかの数を単語の id として付与することができます。単語のペアはこの id のペアとなります。図 8.1 ではこのペアが (i, j) となっています。入力層では V 個のユニットからなり、i 番目のユニットと j 番目のユニットに 1 が入力され、その他のユニットには 0 が入力されます。

中間層は、各単語に対する分散表現が並んだものです。つまり V 個のユニットが並んでいますが、各ユニットは分散表現なので m 次元のベクトルです。図

8.1 の入力層から中間層の図は簡略化した形で描いており、もう少し具体的に描くと、図 8.2 のようになっています。

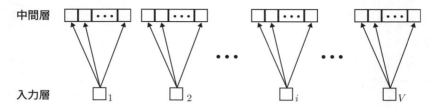

図 8.2　word2vec の入力層から中間層

つまり、入力層から中間層への重み自体が各単語の分散表現を表しています。入力層から中間層への重みは m 行 V 列の行列 W で表現できるので、この行列 W が学習の対象です。また、行列 W は入力層から中間層への変換を表しているので、Chainer で言うところのパラメータ付きの関数、即ち links 内の関数となっています。

Chainer ではこの関数のクラスが L.EmbedID として提供されています。

```
embed = L.EmbedID(V,m)
```

という形で使います。第 1 引数がコーパス内の単語の種類数、第 2 引数が分散表現の次元数です。注意として、上記のように定義された関数 embed の入力は、単語の id（のバッチ）です。また出力は入力された単語の id（のバッチ）に対する分散表現（のバッチ）です。

図 8.1 では単語の id のペアが入力層に同時に入る形で描いてありますが、Chainer で実装する場合には、ペアの id が 1 つずつ入力されることになります。

8.4　Chainer による word2vec の実装

利用するコーパスの準備や、word2vec を動かす前の様々な設定は、Chainer の以前のバージョンで公開されていた word2vec のサンプルプログラムを利用することにします。現在公開されている word2vec のサンプルプログラムは、以前のものとは少し違います。

8.4 Chainer による word2vec の実装

またコーパスですが、以前は ptb.train.txt というファイルを使っていました。現在はそのファイルを読み込んだバイナリである train.npz というファイルがサーバに置かれており、それをダウンロードして、ロードする形になっています。これは以下の 1 行で行えます。

```
train, val, _ = chainer.datasets.get_ptb_words()
```

train が訓練コーパス[注7]に対応します。ダウンロードは最初の 1 回だけです。一度ダウンロードされたファイルは以下のディレクトリに保存され、2 回目以降は保存されたファイルが読み込まれます。

~/.chainer/dataset/pfnet/chainer/ptb

結局、現在公開されているものを使うほうが簡単なのは確かです。ただこのまま使うと他のコーパスに応用がきかないので、ここではあえて以前のバージョンで行っていたように、ptb.train.txt というファイルをダウンロードして処理することにします。ダウンロード先は以下です。

https://raw.githubusercontent.com/tomsercu/lstm/master/data/ptb.train.txt

word2vec を動かすためにインポートするものは以下のとおりです。

w2v.py

```
>>> import numpy as np
>>> import chainer
>>> from chainer import cuda, Function, \
...             Variable, optimizers, serializers, utils
>>> from chainer import Link, Chain, ChainList
>>> import chainer.functions as F
>>> import chainer.links as L
```

注7 コーパス内の全単語を id に直して、ベクトル化したものです。

```
>>> import collections   # （注意）これが必要です
```

続いて、コーパスを読み込んで単語に id を付けるなどの処理が以下です。これは以前のサンプルプログラムのものです。

w2v.py

```
>>> index2word = {}
>>> word2index = {}
>>> counts = collections.Counter()
>>> dataset = []
>>> with open('ptb.train.txt') as f:
...     for line in f:
...         for word in line.split():
...             if word not in word2index:
...                 ind = len(word2index)
...                 word2index[word] = ind
...                 index2word[ind] = word
...             counts[word2index[word]] += 1
...             dataset.append(word2index[word])
>>> n_vocab = len(word2index)
>>> datasize = len(dataset)
```

ここでは index2word、word2index、counts、dataset の 4 つの変数が作られます。index2word は単語の id 番号から単語を取り出す辞書です。word2index は逆に単語から単語の id 番号を取り出す辞書です。dataset は単語の id 番号のリストですが、リストの index がコーパス内の単語の位置に対応します。例えば dataset[100] というのはコーパス内での 100 番目の単語の id 番号です。ですので、index2word[dataset[100]] はコーパス内での 100 番目の単語です。

```
>>> dataset[100]
78
>>> index2word[dataset[100]]
'more'
```

次に、Negative Sampling で使うノイズ分布からのサンプル生成器を作ってお

きます。ノイズ分布は前述した以下の分布を使います。

$$p(w) = \frac{U(w)^{0.75}}{\sum_{v=1}^{V} U(w_v)^{0.75}}$$

これは離散型の確率分布です。Chainer では Alias method[注8] と呼ばれる離散型の確率分布からの乱数生成アルゴリズムが実装されています。それが chainer.utils.WalkerAlias です。離散型の確率分布を与えると、その分布からのサンプル生成器が作られます。これを利用して目的のサンプル生成器を以下のようにして作ります。

w2v.py

```
>>> from chainer.utils import walker_alias
>>> cs = [counts[w] for w in range(len(counts))]
>>> power = np.float32(0.75)
>>> p = np.array(cs, power.dtype)
>>> sampler = walker_alias.WalkerAlias(p)
```

sampler がサンプル生成器です。sampler.sample の引数に与えた個数だけサンプリングします。例えば5つサンプリングしてみましょう。この場合、5つサンプリングされた単語 id が配列として返ります。

```
>>> sampler.sample(5)
array([  47,  737, 5022,  219,   25], dtype=int32)
```

次がプログラムの核となる Chain のクラスです。MyW2V と名付けました。

w2v.py

```
>>> class MyW2V(chainer.Chain):
...     def __init__(self, n_vocab, n_units):
...         super(MyW2V, self).__init__(
...             embed=L.EmbedID(n_vocab, n_units),
...         )
```

[注8] https://en.wikipedia.org/wiki/Alias_method

第 8 章　word2vec

```
...      def __call__(self, xb, yb, tb):
...          xc = Variable(np.array(xb, dtype=np.int32))
...          yc = Variable(np.array(yb, dtype=np.int32))
...          tc = Variable(np.array(tb, dtype=np.int32))
...          fv = self.fwd(xc,yc)
...          return F.sigmoid_cross_entropy(fv, tc)
...      def fwd(self, x, y):
...          xv = self.embed(x)
...          yv = self.embed(y)
...          return F.sum(xv * yv, axis=1)
```

　パラメータの部分は各単語の分散表現を求めるだけなので、L.EmbedID だけです。入力は単語の id のペア（xb と yb）とその教師信号 tb です。順伝播の計算は単語 id x に対する分散表現 xv と単語 id y に対する分散表現 yv を求めて、それらの内積 F.sum(xv * yv, axis=1) を返します[注9]。axis=1 があるのは、実際は x や y はバッチになっている、つまり xv や yv は行列になっており、内積は行ごとの演算になるからです。損失関数の部分は順伝播から得た内積にシグモイド関数を被せて教師信号の 0 あるいは 1 との誤差を計算すればよいので、関数 F.sigmoid_cross_entropy を直接使えます。

　残りのプログラムはまずモデルと最適化アルゴリズムの設定をします。分散表現の次元数は 100 にしました。

w2v.py

```
>>> demb = 100
>>> model = MyW2V(n_vocab, demb)
>>> optimizer = optimizers.Adam()
>>> optimizer.setup(model)
```

　次に、ネットワークに入力される単語ペアの集合を作って、渡し、モデルのパラメータを更新させて終わりです。ただし、モデルに与える単語 id のペアのバッチを作る処理が必要になるので、mkbatset という関数を定義しておきます。

注9　内積はベクトルの要素どうしをかけたものの総和として計算できます。

8.4 Chainer による word2vec の実装

w2v.py

```
>>> ws = 3         # window size
>>> ngs = 5        # negative sample size
>>> def mkbatset(dataset, ids):
...     xb, yb, tb = [], [], []
...     for pos in ids:
...         xid = dataset[pos]
...         for i in range(1,ws):
...             p = pos - i
...             if p >= 0:
...                 xb.append(xid)
...                 yid = dataset[p]
...                 yb.append(yid)
...                 tb.append(1)
...                 for nid in sampler.sample(ngs):
...                     xb.append(yid)
...                     yb.append(nid)
...                     tb.append(0)
...             p = pos + i
...             if p < datasize:
...                 xb.append(xid)
...                 yid = dataset[p]
...                 yb.append(yid)
...                 tb.append(1)
...                 for nid in sampler.sample(ngs):
...                     xb.append(yid)
...                     yb.append(nid)
...                     tb.append(0)
...     return [xb, yb, tb]
```

そして最後にパラメータの更新です。これは終了するまでかなり時間がかかります。

w2v.py

```
>>> bs = 100       # batch size
>>> for epoch in range(10):
...     print('epoch: {0}'.format(epoch))
```

```
...         indexes = np.random.permutation(datasize)
...         for pos in range(0, datasize, bs):
...             print epoch, pos
...             ids = indexes[pos:\
...               (pos+bs) if (pos+bs) < datasize else datasize]
...             xb, yb, tb = mkbatset(dataset, ids)
...             model.cleargrads()
...             loss = model(xb, yb, tb)
...             loss.backward()
...             optimizer.update()
```

結果は保存しておかなければなりません。これも以前のサンプルプログラムをそのまま利用して、以下のように処理します。myw2v.model というファイルに、分散表現がテキスト形式で保存されます。

w2v.py

```
>>> with open('myw2v.model', 'w') as f:
...     f.write('%d %d\n' % (len(index2word), 100))
...     w = model.embed.W.data
...     for i in range(w.shape[0]):
...         v = ' '.join(['%f' % v for v in w[i]])
...         f.write('%s %s\n' % (index2word[i], v))
```

作られたモデルを確認してみましょう。Chainer の word2vec のサンプルプログラムが入っているディレクトリに search.py があるので、その中で open するモデルの名前を word2vec.model から、先ほど保存した myw2v.model に変更すればそのまま使えます。

```
> python search.py
>> ibm
query: ibm
machines: 0.390068233013
digital: 0.382320284843
p&g: 0.342204213142
navigation: 0.331580519676
```

```
mixte: 0.323415249586
>> monday
query: monday
friday: 0.679558992386
late: 0.640058636665
plunge: 0.542724490166
thursday: 0.527576982975
yesterday: 0.52104818821
>>
```

一応、それらしい結果が出たようにも見えますが、この程度の大きさのコーパス、この程度の学習回数では、あまりうまくいかないかもしれません。

注意として、Deep Learning の学習では、処理の中で乱数を用いている場合が多々あります。例えば線形作用素 L.Linear であっても、重み行列 W の初期値は乱数で与えられます。word2vec であれば、負例をサンプリングするのに乱数を用いています。乱数を用いていれば学習結果が多少異なるのは当然です。結果が書籍と異なっていても気にしないでください。

8.5 システムから提供されている関数の利用

Chainer では L.NegativeSampling や F.negative_sampling という関数が提供されています。名前のとおり、これは式 8.8 の $\sum$ の中身の部分を計算してくれます。これを使えば word2vec の実装は簡単そうですが、実はそれほど簡単ではありません。

まず L.NegativeSampling のパラメータは L.EmbedID から作られるモデルのパラメータと同じです。つまり各単語 id に対する分散表現を表す行列 W です。そのため、L.NegativeSampling で作られる損失関数をそのまま利用できれば、それで終わりです。

しかし L.NegativeSampling は学習可能ではありません。実は links ではパラメータが学習可能なものとそうでないものがあります。学習可能でないものはラッパー的に使うためのもので、直接利用することはできません。

F.negative_sampling を使うことは可能です。この関数は式 8.8 の $\sum$ の中身である以下の計算に対応します。

$$\log \sigma(\boldsymbol{v}_c \cdot \boldsymbol{v}_{w_t}) + \sum_{i=1}^{k} \log \sigma(-\boldsymbol{v}_{u_i} \cdot \boldsymbol{v}_c)$$

F.negative_sampling の引数は以下の5つです。

　e, x, W, sampler, ngs

第1引数の e が上式の $\boldsymbol{v}_c$ です。第2引数の x が上式の $\boldsymbol{w}_t$ です。具体的には単語 id です。第3引数の W が分散表現を表す行列 $\boldsymbol{W}$ です。第4引数の sampler は前節で説明したサンプル生成器です。具体的には前節で作った sampler.sample を渡します。第5引数の ngs がサンプルする負例の数です。

以上から Chain の定義は、例えば以下のようにすればよいことになります。

w2v2.py

```
class MyW2V2(chainer.Chain):
    def __init__(self, v, m):
        super(MyW2V2, self).__init__(
            embed = L.EmbedID(v,m),
        )
    def __call__(self, xb, eb, sampler, ngs):
        loss = None
        for i in range(len(xb)):
            x = Variable(np.array([xb[i]], dtype=np.int32))
            e = eb[i]
            ls = F.negative_sampling(\
                    e, x, self.embed.W, sampler, ngs)
            loss = ls if loss is None else loss + ls
        return loss
```

上記では損失の累積を使っています。ミニバッチではありません。作ったプログラムを見ると、わざわざこの関数を使うほどのことはないかもしれません。劇的に簡単になるというわけではありません。この関数の引数の意味を理解できるなら、もっと効率的なものを皆さん自身で作り出せることでしょう。

第9章

Recurrent Neural Network

自然言語処理の研究分野では word2vec と並んで、RNN（Recurrent Neural Network）を用いた研究も盛んです。ここでは RNN はどんなネットワークなのか、何に使えるのか、それをどのように Chainer で実装させるのかを解説します。word2vec と同様、プログラムの作り方に焦点を当てて解説します。

なお、Deep Learning の分野では Recursive Neural Network というものもあり、これも RNN と呼ばれたりします。Recurrent Neural Network と Recursive Neural Network は名前は似ていますが、別のものなのでご注意ください。本章で説明するのは Recurrent Neural Network のほうです。

9.1 時系列データに対する RNN

RNN は時系列データに対するネットワークです。入力は時刻 $t = 1$ から $t = T$ までの時系列データ $x_1, x_2, \cdots, x_T$ であり、出力は各時刻 t に対する出力 y_t の列、$y_1, y_2, \cdots, y_T$ です。

ネットワークは、略して描くと図 9.1 のようになっています。3 つの線形作用素 $W^{(1)}$、$W^{(2)}$ および H があります。

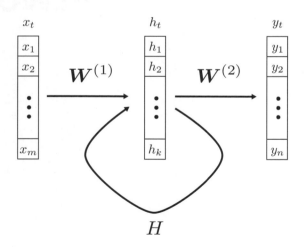

図 9.1　RNN の概念図

中間層の H の部分が再帰的になっていることが特徴です。この図は一度 RNN を理解した人にとってはわかりやすいのですが、慣れていない方には、ベタに時

間で展開した図 9.2 を用いるほうが理解しやすいでしょう。ただしこの図には入出力のベクトルだけが描かれており、W や H の線形変換がありません。線形変換はベクトルが入る丸の中で行われていると考えてください。

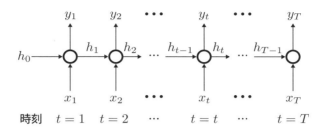

図 9.2　時間で展開した RNN のネットワーク

また、この図の場合、一度に $x_1, x_2, \cdots, x_T$ が入力されると誤解する方がいます。x_i は時刻 t に沿って順番に入力されます。時刻 t におけるネットワークへの入力は、入力データ x_t と時刻 t における中間層への入力 h_{t-1} です。そして、出力が、通常の y_t と時刻 $t+1$ における中間層への入力となる h_t です。

これらには以下の関係があります。s は適当な活性化関数です。

$$h_t = \tanh(W^{(1)} x_t + H h_{t-1} + b_h)$$

$$y_t = s(W^{(2)} h_t + b_w)$$

ここで b_h は線形作用素 H のバイアス、b_w は線形作用素 $W^{(2)}$ のバイアスです。

$x_1, x_2, \cdots, x_T$ が与えられたとき、まず h_0 を適当に設定し[注1]、x_1 に対して上記の式から y_1 と h_1 を得ます。次に x_2 に対して上記の式から y_2 と h_2 を得ます。これを繰り返していくことで、最終的に $y_1, y_2, \cdots, y_T$ が得られます。

RNN の特徴は H の存在です。H を利用して、過去の時系列のデータの情報を圧縮した形で次の時刻に引き継いでいます。

また、学習では誤差の累積から誤差逆伝播法を用います。各 x_i に対する教師

[注1]　通常 b_h が使われます。

信号を t_i としておきます[注2]。まず、x_1 に対して前述した手順で y_1 が求まるので、t_1 と y_1 から誤差を求めます。次に、x_2 に対しても前述した手順で y_2 が求まるので、t_2 と y_2 から誤差を求めます。先の誤差とあわせて誤差を累積します。これを繰り返していき、最後に x_T に対して求まった y_T から t_T と y_T との誤差を求め、ここまでの誤差の累積に加え、最終的な誤差の累積を求めます。ここから誤差逆伝播法を用いて、$W^{(1)}$、$W^{(2)}$ および H を求めていきます。

9.2 言語モデル

自然言語処理の分野では、RNN の代表的な応用として、言語モデルの構築があります。RNN で作られた言語モデルは、RNNLM（RNN Language Model）と呼ばれます。

言語モデルとは、文 s が現れる確率 $P(s)$ を与える確率モデルです。文 s が $w_1 w_2 \cdots w_N$ という N 個の単語の列である場合、$P(s)$ は以下のように分解できます。

$$P(s) = P(w_1, w_2 \cdots w_N)$$
$$= P(w_1) P(w_2|w_1) P(w_3|w_1 w_2) \cdots P(w_N|w_1 w_2 \cdots w_{N-1})$$
$$= P(w_1) \prod_{t=2}^{N} P(w_t|w_1 w_2 \cdots w_{t-1})$$

つまり、言語モデルは $P(w_t|w_1 w_2 \cdots w_{t-1})$ の部分がポイントです。これは「ある単語列が与えられたときに次に現れる単語を予測する」モデルになっています。このため、「ある単語列が与えられたときに次に現れる単語を予測する」モデルを言語モデルと呼ぶこともあります。

「言語モデルが得られて何か良いことがあるのか」という疑問があるかもしれませんが、自然言語処理では言語モデルを利用できる場面が多々あります。例えば

注2 次節の言語モデルの構築などでは、$t_i = x_{i+1}$ となっています。つまり、ある単語 w_i に対する教師データは次の単語 w_{i+1} です。

$$s = \text{"生命ほけんを解約する。"}$$

という文の "ほけん" の部分を漢字に変換する場合、"保険" と "保健" の 2 通りの可能性があります。どちらが正しいかを判定する問題は様々なアイデアで解けると思いますが、おそらくどのようなアイデアであっても本質的には、以下の 2 つの確率を比較して高いほうを選ぶというやり方（の変形）になっているはずです。

$$P(\text{"生命保険を解約する。"})$$

$$P(\text{"生命保健を解約する"})$$

あるいは、直接的に言語モデルは文生成に利用できます。翻訳や要約など最終的に文を出力しなければならない自然言語のアプリケーションでは、何らかの言語モデル（に相当するもの）が利用されています[注3]。

9.3　RNNLMのネットワーク

RNNLM での時刻 t におけるネットワークを描くと、図 9.3 の形になっています。

注3　音声認識の分野でも言語モデルは利用されます。

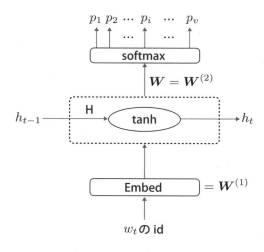

図 9.3　時刻 t における RNNLM

第 1 層目の線形作用素 $W^{(1)}$ に Embed を使っているのがポイントです[注4]。出力は各単語が現れる確率になるので、単語の種類数を V とすると、出力 y_t は以下の V 次元のベクトルです。

$$y_t = (y_1, y_2, \cdots, y_V)$$

そして y_i は単語 id i の単語が出現する確率になります。このため出力層からの出力には softmax 関数を被せることになります。

9.4　Chainer による RNNLM の実装

RNNLM のサンプルプログラムは、以下のサイト下にあります[注5]。

https://github.com/pfnet/chainer/tree/master/examples/ptb

利用するコーパスは、word2vec のときのものと同じ ptb.train.txt です。こ

注4　つまり、RNNLM を用いても分散表現が求まることを意味しています。
注5　このサンプルプログラムは次節で説明する LSTM を使っており、素の RNN ではありません。

9.4 Chainer による RNNLM の実装

こでもサンプルプログラムを参考にしながら、独自に RNNLM の実装をしてみます。

あらかじめお断わりしておきますが、ここでのプログラムを動かしても、まともな結果を得られません。学習にもかなり時間がかかります。

素の RNN は基本的に深い NN と同じなので、誤差逆伝播法を用いて上位の層の誤差を、深い位置の層まで伝播させるのが困難だからです。これは勾配消失問題と呼ばれています。通常は、この問題を解消した RNN の改良版である LSTM を用います。ただし LSTM を理解するために、素の RNN のプログラムの作り方を知っておいたほうがよいので、ここではそれを示します。

まずプログラムを動かすためにインポートするものは、いつものとおりの以下です。

rnn.py

```
>>> import numpy as np
>>> import chainer
>>> from chainer import cuda, Function, \
...                     Variable, optimizers, serializers, utils
>>> from chainer import Link, Chain, ChainList
>>> import chainer.functions as F
>>> import chainer.links as L
```

次に、コーパスを読み込んで単語に id を付けるなどの処理が必要です。以下はサンプルプログラムのものです[注6]。これを利用します。

rnn.py

```
>>> vocab = {}
>>> def load_data(filename):
>>>     global vocab
>>>     words = open(filename).read()\
...                 .replace('\n', '<eos>').strip().split()
>>>     dataset = np.ndarray((len(words),), dtype=np.int32)
>>>     for i, word in enumerate(words):
```

注6 ptb の下のサンプルプログラムは以前のものと異なっています。ここでのコードは以前公開されていたものの一部です。

第 9 章 Recurrent Neural Network

```
>>>            if word not in vocab:
>>>                vocab[word] = len(vocab)
>>>            dataset[i] = vocab[word]
>>>        return dataset
>>>
>>> train_data = load_data('ptb.train.txt')
>>> eos_id = vocab['<eos>']
```

文の終わりに<eos>を埋め込んでいます。vocab は単語から単語の id 番号を取り出す辞書です。<eos>の id を eos_id に入れておくことにします。そして、コーパスを長い 1 つの単語列 train_data と見なして、train_data の位置 0 から順に処理することになります。<eos>までの単語列を 1 文として取り出し、1 文ごとにパラメータを更新するという形です。

求めたいのは 3 つの線形作用素 Embed、W および H です。これらが学習対象のパラメータです。損失（誤差）は各時点での出力と教師信号との差により求まります。Chain の記述は以下のようになります。

rnn.py

```
>>> class MyRNN(chainer.Chain):
>>>     def __init__(self, v, k):
>>>         super(MyRNN, self).__init__(
>>>             embed = L.EmbedID(v, k),
>>>             H = L.Linear(k, k),
>>>             W = L.Linear(k, v),
>>>         )
>>>     def __call__(self, s):
>>>         accum_loss = None
>>>         v, k = self.embed.W.data.shape
>>>         h = Variable(np.zeros((1,k), dtype=np.float32))
>>>         for i in range(len(s)):
>>>             next_w_id = \
...                 eos_id if (i == len(s) - 1) else s[i+1]
>>>             tx = Variable(np.array([next_w_id], \
...                 dtype=np.int32))
>>>             x_k = self.embed(Variable(np.array([s[i]], \
...                 dtype=np.int32)))
```

```
>>>            h = F.tanh(x_k + self.H(h))
>>>            loss = F.softmax_cross_entropy(self.W(h),tx)
>>>            accum_loss = loss if accum_loss is None \
...                         else accum_loss + loss
>>>        return accum_loss
```

モデルと最適化アルゴリズムの設定は、いつものとおりです。

rnn.py

```
>>> demb = 100
>>> model = MyRNN(len(vocab), demb)
>>> optimizer = optimizers.Adam()
>>> optimizer.setup(model)
```

学習は以下のとおりです。

rnn.py

```
>>> for epoch in range(5):
>>>     s = []
>>>     for pos in range(len(train_data)):
>>>         id = train_data[pos]
>>>         s.append(id)
>>>         if (id == eos_id):
>>>             model.cleargrads()
>>>             loss = model(s)
>>>             loss.backward()
>>>             optimizer.update()
>>>             s = []
>>>     outfile = "myrnn-" + str(epoch) + ".model"
>>>     serializers.save_npz(outfile, model)
```

コーパスを最初から見ていき、文末記号を読み込むごとにその時点での文 s でパラメータを更新しています。コーパス全体を読み終わったら 1 epoch 終了です。このプログラムはかなり時間がかかるので、ここでは 5 epoch で止めていま

す[注7]。5 epochでは良い言語モデルは構築できていませんが、ここではプログラムの例を示すことが目的なので、この程度にしています。

また、1 epoch終了ごとにその時点のmodelをファイルに書き出しています[注8]。こうすれば、5 epoch以降学習を継続したい場合でも、5 epoch以内で途中でプログラムを止めた場合でも、その続きから再開することができます。

9.5　言語モデルの評価

言語モデルの評価には、一般にパープレキシティが使われます。モデルMのエントロピーがHであるとき、パープレキシティは2^Hとなります。Hの定義は以下です。

$$H = \frac{1}{|D|} \sum_{i=1}^{|D|} -\log_2(P(w_i|M)) \tag{9.1}$$

Hを測るには、まず評価用のコーパスDを用意します。Dを長い1つの単語列$w_1 w_2 \cdots w_{|D|}$と見なし、モデルMからw_iが生成される確率$P(w_i|M)$を計算して、そこから$-\log_2(P(w_i|M))$を計算し、全単語に対してこの値の平均を取ったものが、エントロピーHです。エントロピーもパープレキシティも言語モデルの複雑さを表します[注9]。どちらも値が小さいほうが良いモデルと評価されます。

前節でptb.train.txtをダウンロード[注10]した同じサイトのディレクトリの下にptb.test.txtがあります。先ほど作ったmyrnn.modelを、このコーパスで評価してみます。作成されたモデルでは、文sが入力されます。sを以下のようなn単語列とします。

$$s = w_1 w_2 \cdots w_n$$

各w_tに対して、myrnn.modelのネットワークは以下のベクトルを出力します。

注7　筆者の環境では、5 epoch終了するのに16時間以上かかりました。
注8　保存にはserializers.save_npzを使っていますが、pickleでもできます。
注9　パープレキシティは、情報理論における平均分岐数です。
注10　https://raw.githubusercontent.com/tomsercu/lstm/master/data/ptb.test.txt

9.5 言語モデルの評価

$$\boldsymbol{y}_t = (p_1, p_2, \cdots, p_V)$$

ここで V は訓練コーパス中の単語の種類数です。そして p_i は以下の確率を意味します。

$$p_i = P(w^{(i)} | w_1 w_2 \cdots w_t)$$

ここで $w^{(i)}$ は単語 id が i である単語です。この p_i を $y_t(i)$ と書くことにします。そして、s を単語 id の列で見た場合、以下のようになっていたとします。

$$s = i_1 i_2 \cdots i_n$$

すると、文 s 内の単語 w_t に関する $P(w_t|M)$ は $y_{t-1}(i_t)$ となっています。これを利用すれば、myrnn.model のパープレキシティの計算は容易です。

また、評価用のコーパスの中に訓練用のコーパスには出現しない単語、つまり未知語が存在すると、前述したパープレキシティは計算できません。未知語の出現に対応したパープレキシティの定義はいくつかありますが、ここでは単純に未知語が出たらその未知語を含む文は評価用のコーパスから外す、という対応にします。

プログラムは学習時のプログラム rnn.py とほとんど同じです。新たに以下の関数 cal_ps を定義します。これは、入力された文 s 内の各単語 w に対して $-\log_2(P(w|M))$ を計算し、その合計を返します。対数 $\log_2$ の計算に NumPy の対数ではなく、math の対数を使っているので、プログラムではどこかで math をインポートしてください。

eval-rnn.py

```
>>> demb = 100
>>> def cal_ps(model, s):
>>>     h = Variable(np.zeros((1,demb), dtype=np.float32))
>>>     sum = 0.0
>>>     for i in range(1,len(s)):
>>>         w1, w2 = s[i-1], s[i]
>>>         x_k = model.embed(Variable(np.array([w1], dtype=np.int32)))
>>>         h = F.tanh(x_k + model.H(h))
>>>         yv = F.softmax(model.W(h))
```

```
>>>         pi = yv.data[0][w2]
>>>         sum -= math.log(pi, 2)
>>>     return sum
```

上記で文中の単語の $-\log_2(P(w|M))$ の総和が出るので、それをコーパス内の文全てに対して求め総和を取り、最後に単語数に対して平均を取ればエントロピーが求まり、そこからパープレキシティも求まります。

ただし、注意として、上記のプログラムでは文の先頭の単語 w_1 に対する $-\log_2(P(w_1|M))$ を求めていません。ここでは大まかに評価できればよいので、細かい部分は省きました。

上記の関数を使って、パープレキシティの計算を行います。評価用のコーパス全体を扱うのは大変なので、ここでは最初の 1,000 文で評価してみます。

eval-rnn.py

```
>>> test_data = load_data('ptb.test.txt')
>>> test_data = test_data[0:1000]
>>> model = MyRNN(len(vocab), demb)
>>> serializers.load_npz('myrnn.model', model)
>>> sum = 0.0
>>> wnum = 0
>>> s = []
>>> unk_word = 0
>>> for pos in range(len(test_data)):
>>>     id = test_data[pos]
>>>     s.append(id)
>>>     if (id > max_id):
>>>         unk_word = 1
>>>     if (id == eos_id):
>>>         if (unk_word != 1):
>>>             ps = cal_ps(model, s)
>>>             sum += ps
>>>             wnum += len(s) - 1
>>>         else:
>>>             unk_word = 0
>>>         s = []
>>> print math.pow(2, sum / wnum)
```

eval-rnn.py の myrnn.model を読む込む部分を、プログラムの引数で与えたモデルを読む込む形にするには、以下のようにします。

```
...
import sys
argvs = sys.argv
...
serializers.load_npz(argvs[1], model)
...
```

これを使って、1 epoch 終了ごとに保存したモデルを評価すると、以下のようになりました。

```
> python eval-rnn.py myrnn-0.model
208.103092604
> python eval-rnn.py myrnn-1.model
174.181462185
> python eval-rnn.py myrnn-2.model
164.917536858
> python eval-rnn.py myrnn-3.model
160.432661616
> python eval-rnn.py myrnn-4.model
157.165286105
```

ひどい値ですが、これは学習の回数が少なすぎるので仕方ありません。とりあえず徐々にパープレキシティが減少するのは確認できました。

9.6 LSTM

素の RNN では系列が長くなり、深いネットワークになると誤差逆伝播のアルゴリズムでは勾配が消失したり発散したりする問題が生じます。その結果、長期依存をうまく扱えません。長期依存というのは、文の最初のほうに出てきた単語が、かなりあとの単語の出現に影響を与える現象です。例えば、「フランス全土を旅行して、色々なところに行き、様々な人と出会い、たくさんの貴重な体験を

した中で、最も印象に残った町は〇〇です。」という文があったときに、「〇〇」の直前まで読んで、「〇〇」の単語を推定するとき、「〇〇」よりもかなり前方に出現した「フランス」という単語が影響を与えています。これが長期依存です。この場合、素の RNN の誤差逆伝播では「〇〇」からの勾配（誤差）を「フランス」まで伝播させられず、結果として、長期依存をうまく扱えなくなっています。

この点を改良したのが LSTM（Long Short Term Memory）です。つまり LSTM は素の RNN の改良版です。LSTM のネットワーク図を図 9.4 に示します。LSTM の場合、中間層は LSTM ブロックと呼ばれます。図 9.4 のように LSTM ブロックの中身を隠蔽してしまうと、LSTM は素の RNN と同じ形になります。

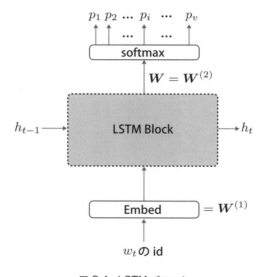

図 9.4　LSTM ブロック

問題は LSTM ブロックの中身です。LSTM ブロックの中身を構成する要素は、記憶セル、入力ゲート、出力ゲートおよび忘却ゲートの 4 つです。ゲートとは実質的には関数です。つまり LSTM ブロックの中身は上記のゲートの関数を合成したものであり、LSTM ブロック自身が 1 つの関数と見なせます。

LSTM ブロックの中身の図を描くと図 9.5 のようになっています。なお図 9.5 では、説明の簡単化のために LSTM ブロックへの第 1 層からの入力を x_t、LSTM ブロックの出力を y_t としておきます。また図 9.5 では、ベクトルに重みを付与す

る線形作用素は記述していません。基本的にベクトルには、線形作用素により重みが付与されて次のユニットに渡ります。

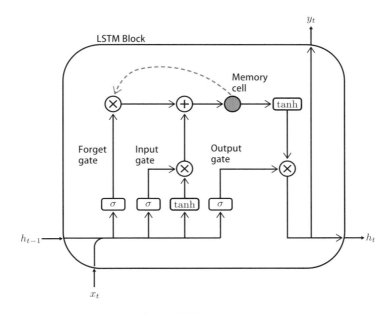

図 9.5　LSTM ブロックの中身

時刻 t における LSTM ブロックへの入力は 1 つ下の層の x_t と、時刻 $t-1$ における LSTM ブロックの出力 h_{t-1} です。x_t と h_{t-1} は、素の RNN と同じく、以下のように変換されます。

$$\bar{z}_t = W_z x_t + R_z h_{t-1} + b_z \tag{9.2}$$

$$z_t = \tanh(\bar{z}_t) \tag{9.3}$$

図で示すと図 9.6 の部分になります。

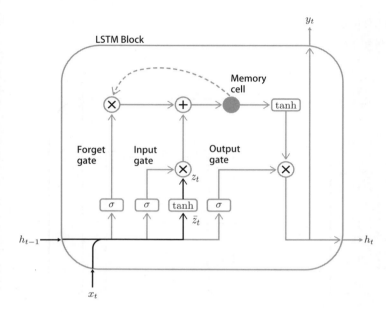

図 9.6 $\bar{z}_t$ と z_t

入力ゲートにおける変換は以下です。

$$\bar{i}_t = W_i x_t + R_i h_{t-1} + b_i \tag{9.4}$$

$$i_t = \sigma(\bar{i}_t) \tag{9.5}$$

図で示すと図 9.7 の部分になります。

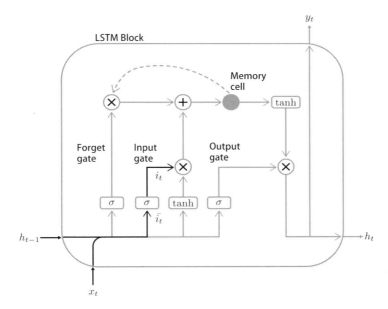

図 9.7 $\bar{i}_t$ と i_t

忘却ゲートにおける変換は以下です。

$$\bar{f}_t = W_f x_t + R_f h_{t-1} + b_f \tag{9.6}$$

$$f_t = \sigma(\bar{f}_t) \tag{9.7}$$

図で示すと図 9.8 の部分になります。

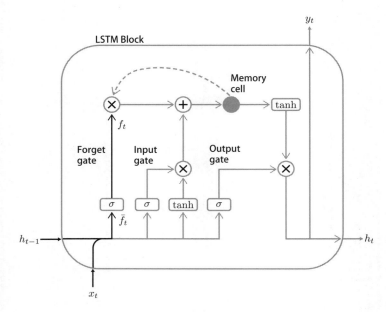

図 9.8　$\bar{f}_t$ と f_t

そして次の記憶セルでの以下の変換が、LSTM のポイントです。

$$c_t = i_t \otimes z_t + f_t \otimes c_{t-1} \tag{9.8}$$

図で示すと図 9.9 の部分になります。

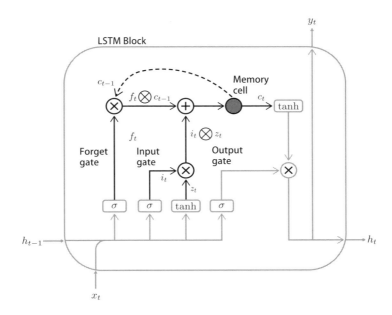

図 9.9 　記憶セルにおける変換

式 9.8 では c_{t-1} が出てきますが、これは記憶セルの時刻 $t-1$、つまり 1 つ前の時刻での記憶セルの出力です。図 9.9 において破線で示している部分です。つまり記憶セルでは、現在の出力を次の時刻の処理で使うために、一時的に記憶しています。また、演算記号 $\otimes$ は要素どうしの積を表しています。

次に出力ゲートにおける変換は以下です。

$$\bar{o}_t = W_o x_t + R_o h_{t-1} + b_o \tag{9.9}$$

$$o_t = \sigma(\bar{o}_t) \tag{9.10}$$

図で示すと図 9.10 の部分になります。

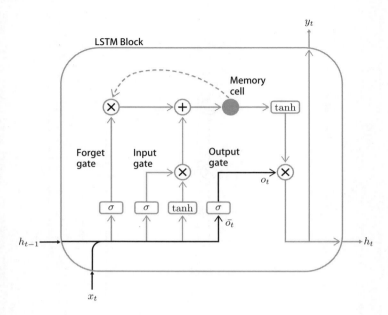

図 9.10 $\bar{o}_t$ と o_t

最後に LSTM ブロックの出力を作る部分が以下です。

$$y_t = h_t = o_t \otimes \tanh(c_t) \tag{9.11}$$

図で示すと図 9.11 の部分になります。

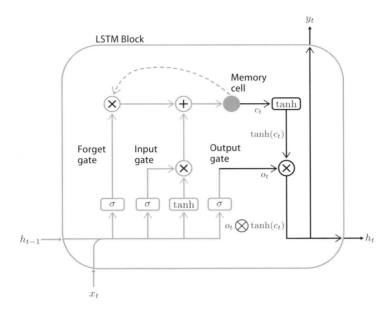

図 9.11　LSTM ブロックの出力

　LSTM ブロックの実体は式 9.2 から式 9.11 により定義される合成関数です。

　パラメータを確認しておきます。LSTM ブロックへの入力である x_t の次元を m、出力である y_t の次元を n としておきます。すると h_t の次元も n です。$m \times n$ の行列として、W_z、W_i、W_f、W_o、$n \times n$ の行列として、R_z、R_i、R_f、R_o、n 次元ベクトルであるバイアスとして b_z、b_i、b_f、b_o のパラメータが存在します。これらが学習の対象です。

　さて、上記のような構造を持つ LSTM が、なぜ素の RNN で問題となった勾配消失問題を回避できるのでしょうか。これを示すのはかなり面倒です。非常におおざっぱに説明すると、勾配消失問題は勾配に関してある条件が成り立つときに生じます。通常、その条件は成り立ちます。しかし、記憶セルが行っている式 9.8 が成立するように出力の y_t を作ると、その条件が成り立たなくなる、という流れです。ただし注意として勾配消失問題から長期依存の問題が生じていますが、勾配消失問題を回避できたとしても長期依存の問題が解決したことを意味していません。LSTM を使うと長期依存の問題が少し緩和される、というだけです。

9.7 ChainerによるLSTMの実装

Chainerでは、LSTMの関数がL.LSTMとして提供されています。これを使ってしまえば何も問題ありません。ただ、本書は作り方を示すのが目的なので、効率は無視してベタに作ってみます。

まず、記憶セルの入出力 c_t も h_t と同様にLSTMブロックの再帰的な入出力と捉えて、LSTMブロックの外部に出すほうが簡単なので、そうします。

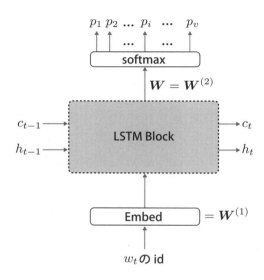

図9.12 記憶セルを外部に出したLSTMブロック

Chainerでは順方向の関数[注11]が書ければ、あとはシステムに任せることができるので、式9.2から式9.11により定義される合成関数をクラス内で定義するだけです。

まず、パラメータのある関数を__init__部分で定義します。

lstm0.py

```
class MyLSTM(chainer.Chain):
    def __init__(self, v, k):
```

注11 本質的には損失関数です。

9.7 Chainer による LSTM の実装

```
        super(MyLSTM, self).__init__(
            embed = L.EmbedID(v, k),
            Wz = L.Linear(k, k),
            Wi = L.Linear(k, k),
            Wf = L.Linear(k, k),
            Wo = L.Linear(k, k),
            Rz = L.Linear(k, k),
            Ri = L.Linear(k, k),
            Rf = L.Linear(k, k),
            Ro = L.Linear(k, k),
            W = L.Linear(k, v),
        )
```

次に、損失関数を __call__ 部分で定義します。式 9.2 から式 9.11 を書き下しただけです。基本的に素の RNN と同じです。

lstm0.py

```
class MyLSTM(chainer.Chain):
    def __init__(self, v, k):
        ＜前述しているので省略＞

    def __call__(self, s):
        accum_loss = None
        v, k = self.embed.W.data.shape
        h = Variable(np.zeros((1,k), dtype=np.float32))
        c = Variable(np.zeros((1,k), dtype=np.float32))
        for i in range(len(s)):
            next_w_id = eos_id if (i == len(s) - 1) \
                            else s[i+1]
            tx = Variable(np.array([next_w_id], \
                            dtype=np.int32))
            x_k = self.embed(Variable(np.array([s[i]], \
                            dtype=np.int32)))
            z0 = self.Wz(x_k) + self.Rz(h)
            z1 = F.tanh(z0)
            i0 = self.Wi(x_k) +  self.Ri(h)
            i1 = F.sigmoid(i0)
            f0 = self.Wf(x_k) +  self.Rf(h)
```

```
                    f1 = F.sigmoid(f0)
                    c = i1 * z1 + f1 * c
                    o0 = self.Wo(x_k) +  self.Ro(h)
                    o1 = F.sigmoid(o0)
                    h = o1 * F.tanh(c)
                    loss = F.softmax_cross_entropy(self.W(h), tx)
                    accum_loss = loss if accum_loss is None \
                                    else accum_loss + loss
            return accum_loss
```

また学習の部分は素の RNN のものと同じでよいのですが、計算時間がかなりかかります。RNN の学習には unchain_backward() という関数を使うことで改善されます。これは長い系列を学習する際に、古い情報を捨てて、計算時間を改善するのに使います。ここでは文の長さが 30 を超える場合に、この関数を起動することにします。これを使うと、学習部分は以下のようになります。

lstm0.py

```
for epoch in range(5):
    s = []
    for pos in range(len(train_data)):
        id = train_data[pos]
        s.append(id)
        if (id == eos_id):
            model.cleargrads()
            loss = model(s)
            loss.backward()
            if (len(s) > 29):               # 文の長さ30以上で
                loss.unchain_backward()     # unchainを実行
            optimizer.update()
            s = []
    outfile = "lstm0-" + str(epoch) + ".model"
    serializers.save_npz(outfile, model)
```

eval-rnn.py と同じ形で eval-lstm0.py を作成して、学習できた言語モデルを評価してみます。

9.7 Chainer による LSTM の実装

```
> python eval-lstm0.py lstm0-0.model
261.343302868
> python eval-lstm0.py lstm0-1.model
237.745581518
> python eval-lstm0.py lstm0-2.model
229.154096294
> python eval-lstm0.py lstm0-3.model
223.143980881
> python eval-lstm0.py lstm0-4.model
215.748114622
```

パープレキシティが単調に減少していますが、良い結果ではありません。

LSTM の場合、入力ゲートと忘却ゲートに入ってくる 1 つ前の LSTM ブロックの出力 h_{t-1} にドロップアウトというノイズを挿入する関数 F.dropout を被せることで、学習が改善されることが知られています。

```
    i0 = self.Wi(x_k) + self.Ri(h)
      ...
    f0 = self.Wf(x_k) + self.Rf(h)
```

の部分を以下のように変更した lstm1.py で学習してみます。

```
    i0 = self.Wi(x_k) + self.Ri(F.dropout(h))
      ...
    f0 = self.Wf(x_k) + self.Rf(F.dropout(h))
```

eval-rnn.py と同じ形で eval-lstm1.py を作成して、学習できた言語モデルを評価してみます。

```
> python eval-lstm1.py lstm1-0.model
263.686781467
> python eval-lstm1.py lstm1-1.model
250.578936595
> python eval-lstm1.py lstm1-2.model
```

```
231.797843365
> python eval-lstm1.py lstm1-3.model
212.31476415
> python eval-lstm1.py lstm1-4.model
211.861144375
```

先よりも少し改善されましたが、素の RNN と比べるとまだかなり悪い結果です。上記のように LSTM のネットワークをそのままの形で実装させるとパラメータが多いので、学習にかなり時間がかかるからだと思われます。このまま学習を続けていけば改善されていくはずです。

以前の LSTM では Wx と Rx の線形作用素を分けていませんでした。こうすればパラメータの数が減るので、上記の問題は軽減されます。この点を確認します。

lstm0.py における Rx を Wx に書き換えたものが lstm0a.py です。まず、パラメータの宣言部分では Rz、Ri、Rf および Ro がなくなります。

lstm0a.py

```
class MyLSTM(chainer.Chain):
    def __init__(self, v, k):
        embed = L.EmbedID(v, k),
        Wz = L.Linear(k, k),
        Wi = L.Linear(k, k),
        Wf = L.Linear(k, k),
        Wo = L.Linear(k, k),
        W = L.Linear(k, v),
```

次に損失関数の部分で、Rz、Ri、Rf および Ro をそれぞれ Wz、Wi、Wf および Wo に変更します。

lstm0a.py

```
class MyLSTM(chainer.Chain):
    def __init__(self, v, k):
        …略…
```

9.7 Chainer による LSTM の実装

```python
    def __call__(self, s):
        accum_loss = None
        v, k = self.embed.W.data.shape
        h = Variable(np.zeros((1,k), dtype=np.float32))
        c = Variable(np.zeros((1,k), dtype=np.float32))
        for i in range(len(s)):
            next_w_id = eos_id if (i == len(s) - 1) \
                                else s[i+1]
            tx = Variable(np.array([next_w_id], \
                                dtype=np.int32))
            x_k = self.embed(Variable(np.array([s[i]], \
                                dtype=np.int32)))
            z0 = self.Wz(x_k) + self.Wz(h)   # Rz が Wz に
            z1 = F.tanh(z0)
            i0 = self.Wi(x_k) +  self.Wi(h)  # Ri が Wi に
            i1 = F.sigmoid(i0)
            f0 = self.Wf(x_k) +  self.Wf(h)  # Rf が Wf に
            f1 = F.sigmoid(f0)
            c = i1 * z1 + f1 * c
            o0 = self.Wo(x_k) +  self.Wo(h)  # Ro が Wo に
            o1 = F.sigmoid(o0)
            h = o1 * F.tanh(c)
            loss = F.softmax_cross_entropy(self.W(h), tx)
            accum_loss = loss if accum_loss is None \
                                else accum_loss + loss
        return accum_loss
```

eval-rnn.py と同じ形で eval-lstm0a.py を作成して、学習できた言語モデルを評価してみます。

```
> python eval-lstm0a.py lstm0a-0.model
227.189707119
> python eval-lstm0a.py lstm0a-1.model
199.040828459
> python eval-lstm0a.py lstm0a-2.model
189.000642976
> python eval-lstm0a.py lstm0a-3.model
180.833098654
```

```
> python eval-lstm0a.py lstm0a-4.model
178.839916037
```

次節で述べる、システムから提供されている L.LSTM を使った場合と、ほぼ同等の結果が出ました。LSTM には様々な改良版があるので、自分で実装する場合は色々試す必要があります。

9.8 システムから提供されている関数の利用

前節で述べたように、Chainer では LSTM の関数が L.LSTM として提供されています。ここではこの L.LSTM を使って LSTM を実装してみます。

前節では記憶セルの入出力 c_t を LSTM ブロックの外部に出しましたが、L.LSTM では逆に、RNN における再帰部分の h_t のほうを c_t と同様に LSTM ブロックの内部に埋め込んでいます。つまり、ネットワークの LSTM ブロックの部分は図 9.13 のようになります。

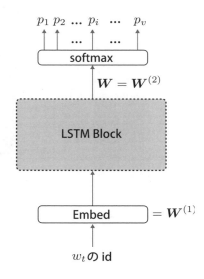

図 9.13 再帰部分を内部に入れた LSTM ブロック

この場合、LSTM ブロックの内部は図 9.14 のようになっています。

9.8 システムから提供されている関数の利用

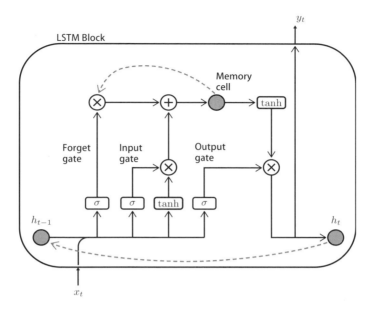

図 9.14 再帰部分を内部に入れた LSTM ブロックの中身

　実際のコードは、素の RNN のものとほとんど同じです。素の RNN では、中間層の再帰部分に、以下のような線形変換を使いました。

```
H   = L.Linear(k, k)
```

この部分が以下になるだけです。

```
H   = L.LSTM(k, k)
```

　L.LSTM の第 1 引数は LSTM ブロックへの入力のベクトルの次元数、第 2 引数は LSTM ブロックからの出力のベクトルの次元数です。ここでの例の場合は、どちらも単語の分散表現の次元数 k となります。また、LSTM の最初のブロックでは h_t と c_t の初期化が必要なので、以下のように reset_state を実行しておく必要があります。

lstm2.py

```
class MyLSTM(chainer.Chain):
    def __init__(self, v, k):
        super(MyLSTM, self).__init__(
            embed = L.EmbedID(v, k),
            H     = L.LSTM(k, k),
            W     = L.Linear(k, v),
        )
    def __call__(self, s):
        accum_loss = None
        v, k = self.embed.W.data.shape
        self.H.reset_state()        # 注意
        for i in range(len(s)):
            next_w_id = eos_id if (i == len(s) - 1) \
                                else s[i+1]
            tx = Variable(np.array([next_w_id], \
                dtype=np.int32))
            x_k = self.embed(Variable(np.array([s[i]], \
                dtype=np.int32)))
            h = self.H(x_k)
            loss = F.softmax_cross_entropy(self.W(h), tx)
            accum_loss = loss if accum_loss is None \
                                else accum_loss + loss
        return accum_loss
```

学習部分は lstm0.py と同じで構いません。

lstm2.py

```
for epoch in range(5):
    s = []
    for pos in range(len(train_data)):
        id = train_data[pos]
        s.append(id)
        if (id == eos_id):
            model.cleargrads()
            loss = model(s)
            loss.backward()
            if (len(s) > 29):
```

```
                loss.unchain_backward()
            optimizer.update()
            s = []
    outfile = "lstm2-" + str(epoch) + ".model"
    serializers.save_npz(outfile, model)
```

eval-rnn.py と同じ形で eval-lstm2.py を作成して、学習できた言語モデルを評価してみます。

```
> python eval-lstm2.py lstm2-0.model
218.550345535
> python eval-lstm2.py lstm2-1.model
184.80776816
> python eval-lstm2.py lstm2-2.model
178.445715597
> python eval-lstm2.py lstm2-3.model
178.071536855
> python eval-lstm2.py lstm2-4.model
178.140129855
```

素の RNN の結果と比べると悪い結果です。loss.unchain_backward() を入れた影響かもしれません。ただし、このままさらに学習を進めれば、どこかで素の RNN よりも良いモデルを得られると思います。

9.9 GRU

素の RNN の勾配消失問題を解決するために改良したものが LSTM ですが、LSTM よりももう少し単純な形でこの問題を解決したものに、GRU (Gated Recurrent Unit function) があります。ここでは GRU の中身の説明は省きます。ただ、Chainer では GRU に対しても L.StatefulGRU が提供されているので、利用は簡単です[注12]。ネットワークの図では、図 9.13 の LSTM ブロックが GRU ブロックに代わるだけです（図 9.15）。プログラムも単に L.LSTM の部分を

注12 Stateful でない L.GRU もあります。中身をいじる必要がなければ、Stateful を使うほうがよいでしょう。

L.StatefulGRU に変更するだけです（gru.py）。

```
H  = L.StatefulGRU(k, k),
```

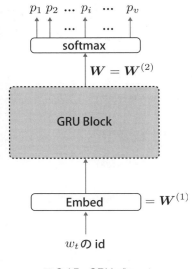

図 9.15　GRU ブロック

学習部分も lstm0.py や lstm2.py と同じです。

eval-rnn.py と同じ形で eval-gru.py を作成して、学習できた言語モデルを評価してみます。

```
> python eval-gru.py gru-0.model
219.474786486
> python eval-gru.py gru-1.model
195.5277602
> python eval-gru.py gru-2.model
190.008551119
> python eval-gru.py gru-3.model
176.698529291
> python eval-gru.py gru-4.model
175.614607381
```

GRU と LSTM との結果を比較すると、この実験では GRU のほうが良さそうな結果を出しました。ただ、この程度の実験では GRU と LSTM の優劣はわかりません。現状、LSTM のほうが歴史がある分、利用されているように感じます。

9.10　RNN のミニバッチ処理

　ここまでに解説した RNN のプログラムはプログラムの作り方を示したもので、このままだとかなり学習時間がかかるため、実際に利用できるものではありません。最も大きな問題は GPU を利用していないことですが、ミニバッチ処理を導入していないことも大きな問題です。

　実は RNN ではミニバッチ処理を行うのが面倒です。なぜならデータ（文に相当）の長さ（文内の単語数に相当）が固定されていないため、単純にデータの集合を作るだけでは済まないからです。簡易的な対処法は、データの集合の中の最も長さの長いデータに他のデータの長さを合わせることです。長さが足りない部分には 0 ベクトルとなるデータを入れておきます（図 9.16）。

　ただし実際は 0 ベクトルの部分は単語 id なので、分散表現が 0 ベクトルとなるような仮想的な単語 id を設定しないといけません。この仮想的な単語の id を、ここでは zero_id としておきます。RNN モデルの設定のときに L.Embeded が宣言されるはずですが、そのときに ignore_label のオプションに zero_id を設定します。

　上記の方針で lstm2.py のミニバッチ版を作ってみます。モデルの部分では上記の ignore_label のオプションを加える箇所だけが変更点です。

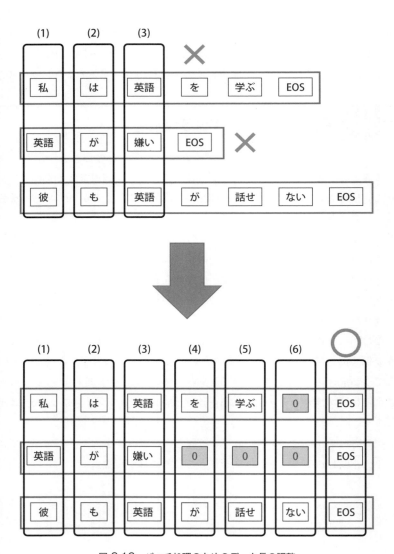

図 9.16　バッチ処理のためのデータ長の調整

9.10 RNN のミニバッチ処理

lstm2-minibatch.py

```
class MyLSTM(chainer.Chain):
    def __init__(self, v, k):
        super(MyLSTM, self).__init__(
            embed = L.EmbedID(v, k, ignore_label = zero_id),
            H = L.LSTM(k, k),
            W = L.Linear(k, v),
        )
    def __call__(self, s):
        ＜ここは lstm2.py と同じなので省略＞
```

学習の部分は先に述べたように最大の長さのものに合わせるために、足りない部分に zero_id を加えます。

lstm2-minibatch.py

```
for pos in range(len(train_data)):
    id = train_data[pos]
    s.append(id)
    if (id == eos_id):
        bc += 1
        batsen.append(s)
        s = []
        if (bc == 10):   # バッチサイズは 10
            batsen2 = resizeforbatch(batsen)
            model.cleargrads()
            loss = model(batsen2)
            loss.backward()
            optimizer.update()
            batsen = []
            bc = 0
```

ここでは resizeforbatch という関数を作って長さを合わせています。

lstm2-minibatch.py

```
def resizeforbatch(bsen):
    maxlen = 0
    bsenc = len(bsen)
    for bp in range(bsenc):
        blen = len(bsen[bp])
        if (blen > maxlen):
            maxlen = blen
    bsen2 = np.arange(bsenc * maxlen).reshape(bsenc, maxlen)
    for i in range(bsenc):
        for j in range(maxlen):
            if (j < len(bsen[i])):
                bsen2[i][j] = bsen[i][j]
            else:
                bsen2[i][j] = zero_id
    return bsen2.T
```

最後に転置が必要なことに注意してください。

9.11 NStepLSTMによるミニバッチ処理

Chainer のバージョン 1.16 から NStepLSTM という関数が使えるようになりました。これは多層化した LSTM を学習するものですが、同時にミニバッチの処理が簡単に行えるようになりました。

ここでは多層化については解説しません。単純に多層化すればよりモデルが複雑になるので、より精度の高いモデルが学習できるくらいに考えておけばよいと思います。

何層にするかは変数 layer で一般化しておいて、ここではミニバッチの処理に着目して NStepLSTM の使い方を解説します。

まずモデルの記述の部分は以下です。

nsteplstm.py

```
class MyLSTM(chainer.Chain):
    def __init__(self, layer, v, k, dout):
        super(MyLSTM, self).__init__(
```

9.11 NStepLSTM によるミニバッチ処理

```
            embed = L.EmbedID(v, k),
            H = L.NStepLSTM(layer, k, k, dout),
            W = L.Linear(k, v),
        )
    def __call__(self, hx, cx, xs, t):
        accum_loss = None
        xembs = [ self.embed(x) for x in xs ]
        xss = tuple(xembs)
        hy, cy, ys = self.H(hx, cx, xss)
        y = [self.W(item) for item in ys]
        for i in range(len(y)):
            tx = Variable(np.array(t[i], dtype=np.int32))
            loss = F.softmax_cross_entropy(y[i], tx)
            accum_loss = loss if accum_loss is None \
                             else accum_loss + loss
        return accum_loss
```

LSTM との大きな違いは、L.LSTM の代わりに L.NStepLSTM を使うところです。第 1 引数は層の数です。第 2 引数、第 3 引数は L.LSTM の第 1 引数、第 2 引数に対応するもので、第 4 引数の dout は LSTM で使う dropuout の比率です。

nsteplstm.py

```
H = L.NStepLSTM(layer, k, k, dout)
```

__call__ の部分で誤差が計算されますが、第 1 引数の hx と第 2 引数の cx は LSTM における最初の LSTM ブロックに入力される h_0 と c_0 です。L.LSTM では関数の中で作ってくれましたが、L.NStepLSTM では初期値となる 0 ベクトルを与える必要があります。第 3 引数の xs がデータ（単語 id の列）のバッチです。第 4 引数の t が xs に対する教師データです。これも当然バッチです。xs の各データを分散表現の列に変換し、それを tuple のオブジェクトにします。これが H の入力になります。つまり、xs の各データの長さがばらばらのままで H に入力できることが大きな特徴です。

学習の部分は以下のようになります。ミニバッチの処理では単にデータを集めているだけです。特に難しい部分はありません。

nsteplstm.py

```python
for pos in range(len(train_data)):
    id = train_data[pos]
    if (id != eos_id):
        s += [ id ]
    else:
        bc += 1
        next_s = s[1:]
        next_s += [ eos_id ]
        xs += [ np.asarray(s, dtype=np.int32) ]
        t += [ np.asarray(next_s, dtype=np.int32) ]
        s = []
        if (bc == 10):
            model.cleargrads()
            hx = Variable(np.zeros((layer, len(xs), demb), \
                    dtype=np.float32))
            cx = Variable(np.zeros((layer, len(xs), demb), \
                    dtype=np.float32))
            loss = model(hx, cx, xs, t)
            loss.backward()
            optimizer.update()
            xs = []
            t = []
            bc = 0
```

lstm2.py と lstm2-minibatch.py と nsteplstm.py の 1 epoch に要する処理時間を計ってみます。ミニバッチのサイズは 10、nsteplstm.py の layer 数は 2 にしておきます。他の設定部分は同じです。以下が筆者の環境[注13]における結果です。

表 9-1 ミニバッチの効果

lstm2.py	lstm2-minibatch.py	nsteplstm.py
約 343 分	約 68 分	約 33 分

一般に LSTM は多層にしたほうが良いモデルになりますし、処理時間も上記

注13 CPU Core2Duo E7500、メモリ 12GB。

のように nsteplstm.py が優れているので、標準的な RNN のモデルを使いたいだけであれば、NStepLSTM を用いるのがよいでしょう。

第10章

翻訳モデル

第 10 章 翻訳モデル

　自然言語処理の中で Deep Learning の応用として最も注目されているのは翻訳だと思います。翻訳というと英語から日本語への翻訳といった言語間翻訳をイメージしますが、ここでの翻訳は、もう少し一般的に記号列から記号列への変換のイメージです。自然言語処理ですから入出力のどちらか一方の記号列は言語になっていますが、もう一方の記号列は言語の他、様々なメディアであってもよいです。例えば画像からそのキャプションの生成や、文からその内容の絵の描画、あるいは音声からのその文生成（音声認識）など様々な応用が、一般に翻訳と呼べるでしょう。

　Deep Learning では、入力層と出力層を結ぶ中間層が入力と出力との間にある共通の意味を表しているモデルを考え、あとは膨大な入出力の組から中間層を学習させれば翻訳ができる、という単純な発想です。中間層のモデルの作り方が難しいのですが、「なんでもかんでも自動で学習できてしまう Deep Learning」というイメージからか、色々な試みがなされ、うまくいっているタスクもあります。

　本章では、最も単純な日本語から英語への Encoder-Decoder 翻訳モデルを紹介します。これは前章で紹介した RNN の応用とも見なせます。

10.1　Encoder-Decoder 翻訳モデル

　Encoder-Decoder 翻訳モデルとは、原言語の RNN の LSTM ブロック列と目的言語の RNN の LSTM ブロック列とを連結したモデルです。ネットワークの略図を図 10.1 に示します。

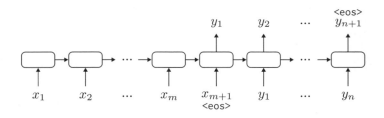

図 10.1　Encoder-Decoder 翻訳モデルの略図

　原言語の文 $x_1 x_2 \cdots x_m x_{m+1}$ を目的言語に翻訳することを考えます。ここで各 x_i は単語です。また、x_{m+1} は文末記号<eos>です。

まず、原言語の各単語 x_t が時系列的に入力されます。RNNと同じように、中間層であるLSTMブロックでは、その時点までの文脈情報 h_t を次の中間層（LSTMブロック）へ渡します。通常のRNNではLSTMブロックから出力層へ渡す出力もありますが、原言語側ではそれはありません。原言語側では最後に単語<eos>、つまり文末記号を読み込みます。

ここから目的言語側のRNNに処理が移ります。目的言語側のRNNでは通常のRNNと同じように、中間層は次の中間層へ h_{m+1} を出力します。同時に目的言語側の単語 y_1 を出力します。そして、次の入力が単語 y_1 になることがポイントです。

以降は通常のRNNと同じ処理が繰り返され、目的言語側の単語列 $y_1 y_2 \cdots y_n y_{n+1}$ が生成されます。文末記号<eos>を生成したら終了です。つまり y_{n+1} は文末記号<eos>です。

Encoder-Decoder翻訳モデルは、こうして作られた目的言語の文 $y_1 y_2 \cdots y_n$ を原言語の文 $x_1 x_2 \cdots x_m$ の翻訳と考えます。

学習には対訳ペアが必要です。$x_1 x_2 \cdots x_m$ の翻訳が $t_1 t_2 \cdots t_n$ だったとします。上記で述べた x_{m+1} つまり入力文の文末記号<eos>を読み込んだ際に、出力される y_1 と t_1 との誤差が損失になります。次の入力は実際の翻訳処理では y_1 となりますが、学習の段階では t_1 です。そして出力される y_2 と t_2 との誤差が損失になります。この損失を累積します。これを繰り返して y_n と t_{n+1}、つまり文末記号<eos>との誤差である損失を計算し、この損失を累積して、最終的に損失の累計が得られます。この損失の累計から誤差逆伝搬を行って、パラメータの学習を行います。

10.2 訓練データの準備

学習にはまずデータを準備しないといけません。通常の日英（あるいは英日）の翻訳モデルを作る場合には、日英間の対訳データが必要です。しかし、そのようなデータの入手はかなり困難です。フリーで公開されている大規模な日英の対訳データは存在しないと思います。他の言語対では存在するのかもしれませんが、英語と日本語以外の言語は筆者が理解できないので、プログラムが動いても結果を確認できません。そのため、ここでは筆者が個人的に利用している日英間の対訳データで実験を行います。当然、このデータもフリーではないので公開で

きません。よって、読者の皆さんがここでの実験を追試することはできません。アルゴリズムとそのプログラムだけを確認してください。

データの形式ですが、日本語のファイル (jp.txt) と英語のファイル (eng.txt) を用意します。図 10.2 のようにどちらも 1 行 1 文で記載されています。jp.txt の i 行目の日本語文が eng.txt の i 行目の英語文と対訳の関係になっています。また、日本語の文は空白で単語が区切られています。そして、英語も日本語も語尾変化や屈折などを考慮して原形に戻すなどといった処理は行っていません。ただし、英語の大文字は小文字に変換しています。

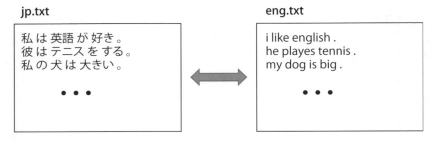

図 10.2　対訳データ

10.3 Chainer による Encoder-Decoder 翻訳モデルの実装

データの読み込みは以下のようにしました。まず、日本語のほうを読み込みます。

mt.py

```
jvocab = {}
jlines = open('jp.txt').read().split('\n')
for i in range(len(jlines)):
    lt = jlines[i].split()
    for w in lt:
        if w not in jvocab:
            jvocab[w] = len(jvocab)
```

10.3 Chainer による Encoder-Decoder 翻訳モデルの実装

```
jvocab['<eos>'] = len(jvocab)
jv = len(jvocab)
```

jlines は各行のデータが入っているリストです。jvocab は日本語の単語を id に直す辞書です。jv が日本語の全単語の種類数です。

英語も同様です。ただし、学習の段階では必要ありませんが、実際に翻訳を行う場合には、単語の id からその単語へ変換する必要があるので、辞書 id2wd を作っておきます。

mt.py

```
evocab = {}
id2wd = {}
elines = open('eng.txt').read().split('\n')
for i in range(len(elines)):
    lt = elines[i].split()
    for w in lt:
        if w not in evocab:
            id = len(evocab)
            evocab[w] = id
            id2wd[id] = w

id = len(evocab)
evocab['<eos>'] = id
id2wd[id] = '<eos>'
ev = len(evocab)
```

次に Chainer における Chain のモデルの部分を定義します。前述したネットワークの図 10.1 は略図です。

もう少し詳しく描くと、実際の Encoder 側の入力 x_t は単語の id なので、原言語に対する $Embed_x$ によりいったん分散表現に変換し、それが LSTM ブロックに入力されます。また、Decoder 側の入出力 y_t も単語の id なので、入力に対しては目的言語に対する $Embed_y$ により分散表現に変換されてから、LSTM ブロックに入力されます。Decoder 側では LSTM ブロックの出力が線形変換され、それが softmax 関数により目的言語の全単語に対する出力確率値が求められ、そ

の最大のものから出力する単語が決まるという形です。

ネットワークの図は図 10.3 のようになります。

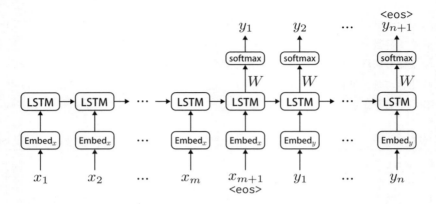

図 10.3 Encoder-Decoder 翻訳モデルの詳細図

プログラムは上記の図をそのままコードにするだけです。

mt.py

```
class MyMT(chainer.Chain):
    def __init__(self, jv, ev, k):
        super(MyMT, self).__init__(
            embedx = L.EmbedID(jv, k),
            embedy = L.EmbedID(ev, k),
            H = L.LSTM(k, k),
            W = L.Linear(k, ev),
        )
    def __call__(self, jline, eline):
        self.H.reset_state()
        for i in range(len(jline)):
            wid = jvocab[jline[i]]
            x_k = self.embedx(Variable(\
                        np.array([wid], dtype=np.int32)))
            h = self.H(x_k)
        x_k = self.embedx(Variable(\
            np.array([jvocab['<eos>']],dtype=np.int32)))
```

```
            tx = Variable(np.array([evocab[eline[0]]], \
                                            dtype=np.int32))
            h = self.H(x_k)
            accum_loss = F.softmax_cross_entropy(self.W(h), tx)
            for i in range(len(eline)):
                wid = evocab[eline[i]]
                x_k = self.embedy(Variable(np.array([wid], \
                                                dtype=np.int32)))
                next_wid = evocab['<eos>'] \
                        if (i == len(eline) - 1) \
                        else evocab[eline[i+1]]
                tx = Variable(np.array([next_wid], \
                                            dtype=np.int32))
                h = self.H(x_k)
                loss = F.softmax_cross_entropy(self.W(h), tx)
                accum_loss += loss
            return accum_loss
```

モデルと最適化アルゴリズムの設定は、いつものとおりです。

mt.py

```
demb = 100
model = MyMT(jv, ev, demb)
optimizer = optimizers.Adam()
optimizer.setup(model)
```

学習の部分は以下です。入力となる日本語の単語列を逆順にしています。これは Encoder-Decoder 翻訳モデルのちょっとした Tips で、こうすると少し結果が良くなるようです。

mt.py

```
for epoch in range(100):
    for i in range(len(jlines)-1):
        jln = jlines[i].split()
        jlnr = jln[::-1]
        eln = elines[i].split()
```

```
        model.H.reset_state()
        model.cleargrads()
        loss = model(jlnr, eln)
        loss.backward()
        loss.unchain_backward()  # truncate
        optimizer.update()
    outfile = "mt-" + str(epoch) + ".model"
    serializers.save_npz(outfile, model)
```

10.4 翻訳処理

学習できたモデルを使って、実際に翻訳するには、まず翻訳対象の文を学習時に使った jp.txt と同じ形式で、jp-test.txt に入れておきます。次に以下のように行います。

test-mt.py

```
jlines = open('jp-test.txt').read().split('\n')

demb = 100
for epoch in range(100):
    model = MyMT(jv, ev, demb)
    filename = "mt-" + str(epoch) + ".model"
    serializers.load_npz(filename, model)
    for i in range(len(jlines)-1):
        jln = jlines[i].split()
        jlnr = jln[::-1]
        print epoch,": ",
        mt(model, jlnr)
```

本質的な処理は関数 mt です。

test-mt.py

```
def mt(model, jline):
    model.H.reset_state()
    for i in range(len(jline)):
```

```
        wid = jvocab[jline[i]]
        x_k = model.embedx(\
                Variable(np.array([wid], dtype=np.int32)))
        h = model.H(x_k)
    x_k = model.embedx(Variable(np.array([jvocab['<eos>']], \
                                        dtype=np.int32)))
    h = model.H(x_k)
    wid = np.argmax(F.softmax(model.W(h)).data[0])
    print id2wd[wid],
    loop = 0
    while (wid != evocab['<eos>']) and (loop <= 30):
        x_k = model.embedy(Variable(\
            np.array([wid], dtype=np.int32)))
        h = model.H(x_k)
        wid = np.argmax(F.softmax(model.W(h)).data[0])
        print id2wd[wid],
        loop += 1
    print
```

学習とほぼ同じ処理です。翻訳の際に出力した単語を次の入力として使っているのが違いです。<eos>を出力したら処理は終了ですが、学習がうまくいっていないと永遠に<eos>を出力しない場合もあるので、上記のプログラムでは出力する単語数が30を超えたら、強制的に終わらせています。

mt.pyを使って、500対の日英対訳データを100 epoch学習しました。以下の2つのテスト文に対して、各epoch終了後に保存したモデルを使った翻訳例を示します。

(1) 彼女 が 戻って き たら 、 出発 し ます 。
(2) 彼 は 英語 を 勉強 する ために 外国 へ 行った 。

テスト文1は訓練データ内の文です。テスト文2は訓練データ内の単語を利用して作った文です。正解となる翻訳例は以下を想定しています。

(1) i 'll leave when she comes back .
(2) he went abroad to study english .

(1) に対しては 13 epoch 後の学習結果のモデルではじめて正解を出力し、以降の epoch 後の学習結果のモデルでも正解を出力しました。

```
13 :   i 'll leave when she comes back . <eos>
```

(2) に対しては 81 epoch 後の学習結果のモデルで以下の訳を出し、以降の epoch 後の学習結果のモデルでも同じ出力でした。

```
81 :   he is doing it with my help . <eos>
```

500 文しか学習データがないので、学習データの組み合わせだけで正解の翻訳を出すのは困難です。

10.5 Attention の導入

Encoder-Decoder 翻訳モデルでは、原言語の入力文の情報が、<eos>が入力されたあとの中間層のベクトル h だけに押し込まれている形になっています。これで翻訳できるというのは、直感的には無理を感じます。特に長い入力文に対して、LSTM が勾配消失問題を解決しているといっても、精度の良い翻訳を出すのは難しいはずです。そこで、Decoder がエンコードすべき箇所を制御する手法が提案されています。それが Attention と呼ばれる手法です。

おおざっぱに言えば、Encoder 側で各入力単語に対する中間層の情報を大域的に取っておいて、Decoder 側でそれを利用するという形です。本質的にやっていることは、アライメントに類する情報を学習している形です。

Encoder-Decoder 翻訳モデルに Attention を導入したモデルのネットワークの概略図は、図 10.4 のようになります。

実際の翻訳処理ですが、Encoder 側の入力 $x_1, x_2, \cdots, x_m$ は通常の Encoder-Decoder 翻訳モデルと同様です。ただ1つ異なるのは、各 x_i に対して、中間層の出力である $\bar{h}_i$ を大域的に保持していることです。

次に、Decoder 側も基本的には Encoder-Decoder 翻訳モデルと同じ処理です。

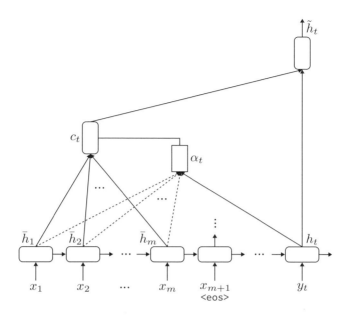

図 10.4 Attention を導入したモデル

y_t の入力から $\bar{y}_t$ を出力し、この $\bar{y}_t$ を次の入力 y_{t+1} とします。違いは $\bar{y}_t$ の作り方です。

まず y_t に対する中間層の出力を h_t とします。Encoder 側で保持しておいた $\bar{h}_i$ を使って、以下の値 $\alpha_t(i)$ を計算します。

$$\alpha_t(i) = \frac{\exp((\bar{h}_i, h_t))}{\sum_{j=1}^{m} \exp((\bar{h}_j, h_t))}$$

$(\bar{h}_i, h_t)$ は $\bar{h}_i$ と h_t の内積を表します。結局、y_t と x_i との類似度を正規化したものが $\alpha_t(i)$ です。この $\alpha_t(i)$ と $\bar{h}_i$ を使って、以下の context vector c_t を作ります。

$$c_t = \sum_{i=1}^{m} \alpha_t(i) \bar{h}_i$$

次に c_t と h_t を連結させたベクトル $[c_t; h_t]$ を作り、これを線形作用素 $\boldsymbol{W}_c$ で重みを付けて、活性化関数 tanh を被せることによって、y_t に対する中間層の出力 $\tilde{h}_t$ を作ります。

$$\tilde{h}_t = \tanh(\boldsymbol{W}_c[c_t; h_t])$$

あとは素の Encoder-Decoder 翻訳モデルと同じように、$\tilde{h}_t$ に対して線形作用素 $\boldsymbol{W}$ で重みを付けて、softmax 関数を通して $\bar{y}_t$ を作ります。

次に学習の処理ですが、これはパラメータとして $\boldsymbol{W}_c$ が増えているだけです。特に問題はありません。注意すべき点は、Encoder 側で保持している $\bar{h}_i$ にはパラメータが含まれていないことです。x_i に対して中間層の出力である $\bar{h}_i$ が作られたときに、大域的に保持する $\bar{h}_i$ はその時点の値がコピーして作られ、実体の $\bar{h}_i$ は次の中間層へ渡されます。つまり誤差逆伝播の際に、大域的に保持している $\bar{h}_i$ には影響が及びません。

モデルの部分は以下のようになります。あとの処理は素の Encoder-Decoder 翻訳モデルと同じです。

attention.py

```python
class MyATT(chainer.Chain):
    def __init__(self, jv, ev, k):
        super(MyATT, self).__init__(
            embedx = L.EmbedID(jv, k),
            embedy = L.EmbedID(ev, k),
            H = L.LSTM(k, k),
            Wc1 = L.Linear(k, k),
            Wc2 = L.Linear(k, k),
            W = L.Linear(k, ev),
        )
    def __call__(self, jline, eline):
        gh = []
        self.H.reset_state()
        for i in range(len(jline)):
            wid = jvocab[jline[i]]
            x_k = self.embedx(Variable(\
                np.array([wid], dtype=np.int32)))
            h = self.H(x_k)
            gh.append(np.copy(h.data[0]))
        x_k = self.embedx(Variable(\
            np.array([jvocab['<eos>']],dtype=np.int32)))
        tx = Variable(np.array([evocab[eline[0]]], dtype=np.int32))
```

```
            h = self.H(x_k)
            ct = mk_ct(gh, h.data[0])
            h2 = F.tanh(self.Wc1(ct) + self.Wc2(h))
            accum_loss = F.softmax_cross_entropy(self.W(h2), tx)
            for i in range(len(eline)):
                wid = evocab[eline[i]]
                x_k = self.embedy(Variable(\
                    np.array([wid], dtype=np.int32)))
                next_wid = evocab['<eos>'] \
                    if (i == len(eline) - 1) else evocab[eline[i+1]]
                tx = Variable(np.array([next_wid], dtype=np.int32))
                h = self.H(x_k)
                ct = mk_ct(gh, h.data)
                h2 = F.tanh(self.Wc1(ct) + self.Wc2(h))
                loss = F.softmax_cross_entropy(self.W(h2), tx)
                accum_loss += loss
            return accum_loss
```

リスト gh に Encoder 側の $\bar{h}_i$ を順番に追加しています。関数 mk_ct で context vector c_t を Variable として作ります。前述した線形作用素 $\boldsymbol{W}_c$ は、c_t に重みを付ける Wc1 と h_t に重みを付ける Wc2 とに分解しています。このほうが逆伝播がやりやすいでしょう。

gh に $\bar{h}_i$ を追加する際に、明示的に np.copy を使っていますが、おそらく必要はありません。そのまま ht.data[0] を渡しても問題ないとは思いますが、念のためコピーしました。

最後に関数 mk_ct は以下です。

attention.py

```
demb = 100
def mk_ct(gh, ht):
    s = 0.0
    for i in range(len(gh)):
        s += np.exp(ht.dot(gh[i]))
    ct = np.zeros(demb)
    for i in range(len(gh)):
        alpi = np.exp(ht.dot(gh[i]))/s
```

```
        ct += alpi * gh[i]
    ct = Variable(np.array([ct]).astype(np.float32))
    return ct
```

特に難しい部分はありません。

Attention の導入の効果を確認するために、mt.py の評価で利用した訓練データとテストデータを用いて、結果を比較してみます。つまり、mt.py と同じく 500 対の日英対訳データを 100 epoch 学習し、mt.py と同じく以下の 2 文をテスト文とします。

(1) 彼女 が 戻 っ て き たら 、 出発 し ま す 。
(2) 彼 は 英語 を 勉強 する ため に 外国 へ 行 っ た 。

テスト文 1 は訓練データ内の文です。テスト文 2 は訓練データ内の単語を利用して作った文です。正解となる翻訳例は以下を想定しています。

(1) i 'll leave when she comes back .
(2) he went abroad to study english .

(1) に対しては 8 epoch 後の学習結果のモデルではじめて正解を出力し、以降の epoch 後の学習結果のモデルでも正解を出力しました。Attention を導入しない場合は 13 epoch 後でした。

```
8 :  i 'll leave when she comes back . <eos>
```

(2) に対しては 63 epoch 後の学習結果のモデルで以下の訳を出し、以降の epoch 後の学習結果のモデルでも同じ出力でした。Attention を導入しない場合は 81 epoch 後でした。

```
63 : he has given out . <eos>
```

mt.pyの結果と比較すると、翻訳結果にたいした差はありませんでしたが、ある翻訳レベルに達する学習回数が、Attentionを使ったほうが少ないと言えます。

第11章

Caffeのモデルの利用

第 11 章　Caffe のモデルの利用

　一般に Deep Learning の学習には多大な時間を要します。学習結果だけがほしいのであれば、同じデータ、同じモデルに対して多くの人が同じ学習を行うのは無駄です。誰か 1 人が作ったものを流用できればよいはずです。あるいは自分が小さなデータしかない場合、大規模データで学習したモデルがあれば、それを自分の持っているデータでチューニングしていく fine-tuning という用途にも使えます。ですので、Chainer で作ったモデルが公開されれば便利だと思うのですが、そういうことはないようです。

　Chainer ではないのですが、Caffe という Deep Learning のフレームワークは、使いやすく人気があり、Caffe で作られたいくつかのモデルが公開されています。Chainer はこの Caffe で作られたモデルを読み込める機能があるので、Caffe の公開されたモデルを利用できます。本章ではこの機能を使った例を示します。

11.1　Caffe のモデルの取得

以下のページから様々な学習済みのモデルを得られます。

　　https://github.com/BVLC/caffe/wiki/Model-Zoo

ここでは以下のページにある bvlc_googlenet.caffemodel を使ってみます。

　　https://github.com/BVLC/caffe/tree/master/models/bvlc_googlenet

　これは物体画像識別のモデルです。画像を与えると、その画像が何であるかを 1,000 種類のラベルから選んで答えます。

11.2　Chainer からの Caffe のモデルの利用

　Chainer から Caffe のモデルを使うには、chainer.links から caffe をインポートし、caffe.CaffeFunction を通して Caffe のモデルを利用できる関数を設定します。

```
func = caffe.CaffeFunction('bvlc_googlenet.caffemodel')
```

この func は、基本的に以下のように使います。

```
x_data = ・・・
x = Variable(x_data)
y, = func(inputs={'data': x}, outputs=['output-blob-name'])
```

　Caffe のモデルに与える入力データを x_data として作成し、それを Variable の型に直した x を作成します。func の引数として、inputs と outputs があります。inputs に与えるのは、入力の blob から取り出した入力データ部分で[注1]、Python の辞書の形で与えます。入力データが複雑なケースは別ですが、ほとんどの場合 inputs={'data': x}の形で問題ありません。outputs に与えるのは基本的に、Caffe のモデルの出力層に対応する blob の名前です。これは上記の例の output-blob-name の部分です。その blob に対応するデータを Variable の型に直したものが、上記例の func からの第 1 出力 y となります。

　結局、Caffe のモデルを使うためには、

1. モデルの入力層に対する blob とその形
2. モデルの出力層に対する blob とその形

を確認できれば、ほぼ終わりです。

11.3　入力データの処理

　ここで扱っている例では、以下のファイルを読むことで、入出力 blob とその形がある程度はわかります。

注1　blob とはネットワークの層に対応するデータのことです。

```
https://github.com/BVLC/caffe/blob/master/models/\
bvlc_googlenet/train_val.prototxt
```

入力層に対する blob の名前は data であることが確認できるので、inputs={'data': x} の形で問題ありません。また、出力層に対する blob の名前は loss3/classifier であることもわかります。

ただし、どのような形になっているかは上記のページだけからはわかりません。このような情報がどこかにまとめられているのかどうかもわかりませんでした。おそらくタスク自体が有名で、この分野の研究者にとっては自明なのかもしれません。

Chainer の場合、Caffe のモデル利用についてもサンプルコードが以下にあります。

```
https://github.com/pfnet/chainer/tree/master/examples/modelzoo
```

上記にあるプログラムでは、ここでの例である bvlc_googlenet.caffemodel も指定できるので、そのコードを読み解くことで、入出力の形は調べることができました。

結論を述べれば、入力データは画像データのバッチです。画像データは 3 次元で表現され、各次元の意味は以下です。

(BGR, Y 座標, X 座標)

バッチと言っても、ここでは 1 枚の画像しか入力されないので、画像データが 1 つだけです。

また、入力画像のサイズは 224×224 に固定されています。実際に入力される画像のサイズは色々ですから、指定サイズに加工しなければなりません。

ここでは図 11.1 の画像データ mydog.jpg の識別を行うプログラムを作ってみます。

図 11.1 mydog.jpg

加工は画像処理ライブラリである Pillow（PIL）をインポートして、以下の処理で行えます。

caffe.py

```
>>> from chainer.links import caffe
>>> from PIL import Image
>>> image = Image.open('mydog.jpg').convert('RGB')
>>> fixed_w, fixed_h = 224, 224
>>> w, h = image.size
>>> if w > h:
>>>             shape = (fixed_w * w / h, fixed_h)
>>> else:
>>>             shape = (fixed_w, fixed_h * h / w)
>>>
>>> left = (shape[0] - fixed_w) / 2
>>> top = (shape[1] - fixed_h) / 2
>>> right = left + fixed_w
>>> bottom = top + fixed_h
>>> image = image.resize(shape)
>>> image = image.crop((left, top, right, bottom))
>>> x_data = np.asarray(image).astype(np.float32)
```

まず resize と crop を用いて、画像のサイズを指定のサイズに直します（図 11.2 参照）。

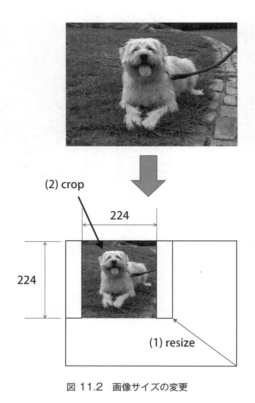

図 11.2 画像サイズの変更

上記の処理で、x_data は以下の形になっています。

(X 座標, Y 座標, RGB)

これは通常の画像データです。軸を指定された位置に変更して、RGB を BGR に直します。これは以下のように行えばできます。

11.3 入力データの処理

caffe.py
```
>>> x_data = x_data.transpose(2,0,1)  # 軸の変更
>>> x_data = x_data[::-1,:,:]   # RGB から BGR へ（つまり逆順）
```

次に平均画像を引く必要があります。「平均画像を引く」とは、一種の正規化のようなものです。そしてこの場合、使う平均画像が何なのかわかりませんが、サンプルコードを読むと、BGR の B が 103、G が 117、R が 123 である色で塗りつぶされた画像です。つまり BGR の平均画像は、以下のように作成できます。

caffe.py
```
>>> mean_image = np.zeros(3*224*224).reshape(3, 224, 224)\
...                                 .astype(np.float32)
>>> mean_image[0] = 103.0
>>> mean_image[1] = 117.0
>>> mean_image[2] = 123.0
```

平均画像を引くのは以下の1行です。

caffe.py
```
>>> x_data -= mean_image
```

最後に x_data をバッチの形にして、それを Chainer で扱える Variable の型に変換します。これで入力のデータができました。

caffe.py
```
>>> x_data = np.array([ x_data ])
>>> x = chainer.Variable(x_data)
```

11.4 出力データの処理

出力は以下で得られます。

caffe.py

```
>>> func = caffe.CaffeFunction('bvlc_googlenet.caffemodel')
>>> y, = func(inputs={'data': x}, outputs=['loss3/classifier'])
```

このyがどういう形をしているかですが、これは1回動かせばすぐわかります。1000次元のベクトルで、各次元の値がその次元に対応するラベルの信頼度です。入力データはバッチなので、出力もバッチの形になっていることに注意します。また信頼度ではわかりづらいので、softmax関数を利用して、確率に直します。

caffe.py

```
>>> prob = F.softmax(y)
```

この出力のprobもバッチの形です。ですので、prob[0]が結果です。これで識別結果を確率付きで表示できますが、このままだと識別結果が次元の値であって、ラベルではないので、意味がわかりません。次元とラベルの対応表が必要です。これは、以下のファイルをダウンロードして展開し、その中にあるsynset_words.txtを使えば得られます。

```
> wget http://dl.caffe.berkeleyvision.org/caffe_ilsvrc12.tar.gz
> tar xfvz caffe_ilsvrc12.tar.gz
```

synset_words.txtは1,000行からなるファイルです。ここでは1列目の記号は必要ありません。2列目以降がその行番号に対するラベルになっています。awkを使って、1列目を除いたlabels.txtを作っておきます。

```
> awk '{$1="";print}' synset_words.txt > labels.txt
```

これで識別結果をラベルとその確率で表示できます。

caffe.py

```
>>> labels = open('labels.txt').read().split('\n')
>>> maxid = np.argmax(prob.data[0])
>>> print labels[maxid], prob.data[0,maxid]
soft-coated wheaten terrier 0.433682
```

識別結果は「soft-coated wheaten terrier」で、その確率は約 0.43 でした[注2]。

11.5 GoogLeNet の利用

前章では bvlc_googlenet.caffemodel を直接用いましたが、Chainer ではこの Caffe のモデルを Chainer のモデルとして保存したものがサーバに置かれています。以下で bvlc_googlenet.caffemodel のモデルに対する Chainer のモデルを設定できます。

googLe.py

```
...
from chainer.links import GoogLeNet
...
model = GoogLeNet()
```

最初にこの文が実行されるときに、サーバから bvlc_googlenet.caffemodel に対する Chainer のモデル bvlc_googlenet.npz がダウンロードされ、以下のディレクトリに保存されます。

~/.chainer/dataset/pfnet/chainer/models

ダウンロードは 1 回だけで、2 回目以降はこのダウンロードされたファイルを

注2 terrier（テリア）と答えているので、犬であるのは当たりです。ただ拾った犬なので犬種はわかりません。獣医は「雑種」と言っていました。

読み込みます。識別を行うのは caffe.py の場合とほとんど同じです。

caffe.py の以下の 3 行を

caffe.py

```
func = caffe.CaffeFunction('bvlc_googlenet.caffemodel')
y, = func(inputs={'data': x}, outputs=['loss3/classifier'])
prob = F.softmax(y)
```

以下のように変更するだけです。

googLe.py

```
model = GoogLeNet()
model.train = False
prob = model(x)['prob']
```

実行結果は以下のようになりました。

```
> python googLe.py
soft-coated wheaten terrier 0.345362
```

1 回実行すればわかりますが、caffe.py よりも googLe.py のほうがかなり高速です。Chainer で利用するには Chainer のモデルで記述されていたほうが高速なのは明らかです。ただ、Chainer のモデルに変換する目的は、識別の高速化ではなく fine-tuning が主たる目的です。通常、画像の識別では下のほうの層のパラメータは、識別対象の画像がどんなものであれ共通に使えると考えられています。bvlc_googlenet.caffemodel は 1,000 種類の物体の識別が行えますが、例えば画像を車に限定し、車種の識別のプログラムを新たに作りたい場合、bvlc_googlenet.caffemodel と同じネットワークのモデルを使うのであれば、下のほうの層のパラメータは車種の識別にも共通して使えます。そうして上のほうの層のパラメータだけを学習させる形にすれば、学習時間や学習のための画像数などを節約できます。これが fine-tuning です。

fine-tuning を行うためには、bvlc_googlenet.caffemodel のネットワーク

構造を理解しなければなりません。また Chainer のモデルに変換した場合の Chainer のモデルの定義も必要です。この辺りは少し面倒かもしれません。

bvlc_googlenet.caffemodel に関しては以下のページに詳しい解説があります。参考になると思います。

　　https://github.com/leetenki/googlenet_chainer

第12章

GPUの利用

Chainer は GPU（Graphics Processing Unit）に対応していますが、本書のコードは GPU の利用については配慮していません。ただ、実際には Deep Learning の学習プロセスに GPU はほぼ必須です。GPU の利用法については、使用するマシンや OS にも依存しているので、やや複雑です。ここでは筆者の環境における利用例を示します。筆者のマシンにディスプレイはつなげておらず、ネットから ssh でログインして使っています。ですので、ここでの設定はディスプレイへの表示については全く考慮していません。

また、Chainer では複数個の GPU を使うことが可能ですが、本書では GPU は 1 つだけの利用を前提にして記述していることにも注意してください。

12.1 GPU 対応

一般に Deep Learning の学習には多大な時間を要します。数日あるいは数週間かかることは普通です。この計算時間を GPU を使うことで短縮できます。

GPU はパソコンのグラフィックを処理する部品ですが、現在の高機能 GPU は一種のマイクロプロセッサです[1]。行列演算を高速に行えるという特徴があり、それを Deep Learning の計算に利用することで計算時間が短縮されます。2016 年 7 月の時点で個人ベースで購入できる Windows マシンの最高スペック CPU は Core i7（Haswell）くらいだと思いますが、この CPU はおおむね 0.4T flops です。一方、GPU のすでに旧型になっている NVIDIA 社の GeForce GTX 750Ti は 1.5 万円以下で購入でき、1.3T flops 程度の能力があります。つまり、安価な GPU を 1 枚挿すだけで、高性能 CPU よりも何倍も速く計算できるということです。

もちろん、GPU を挿すだけで、すぐにプログラムが速くなるというわけではありません。そのプログラムが GPU の機能を使う形で書かれていなければなりません。これは一般の人には無理です。ですので、優れた Deep Learning のフレームワークでは、できるだけ簡単な形で GPU に対応したコードが書けるようになっています。そのようなフレームワークが、GPU 対応と呼ばれます。そして Chainer は GPU 対応です。

GPU を Chainer から使えるように設定できれば、GPU をプログラムから使う

---

[1] 通常、GPU はグラフィックスカードに搭載されており、そのグラフィックスカードをマシンの基盤に挿すことで使います。そのため、GPU 搭載のグラフィックスカード自体を GPU と呼ぶこともあります。本書でも、グラフィックスカードの意味で GPU という用語を使っています。

のはさほど難しくはありません。

12.2 GPUの選択

筆者はCPUがCore2Duo E7500、メモリが12GBの古いWindowsマシンに、OSとしてUbuntu 16.04を載せて、Chainerを動かしています。また、Pythonのバージョンは2.7のほうを使っています。

さすがにこの環境でDeep Learningの学習を行うのは厳しいので、思い切ってGPUを導入しました。購入したのは以下の製品です。

```
http://www.gigabyte.jp/products/product-page.aspx?pid=5160#ov
```

NVIDIA GeForce GTX 750Tiでメモリは2GBです。補助電源不要のロープロファイル対応なので、どんなマシンにも挿せると思って購入しました。2016年7月の時点で約1.5万円です。はじめてのGPUなので、とにかく確実に動きそうなもので、たとえ失敗しても大きな損害にならないような安いもの、という観点からの選択です。

何が動くのか、何がコストパフォーマンスが良いのかは、自分の環境にも依存するので、ネットで色々調べなければなりません。ただ、NVIDIA社のGPUを載せている製品を使うのは、ほぼ必須です。Deep Learningの計算にGPUを利用するには、NVIDIA社が提供しているCUDA（Compute Unified Device Architecture）を使う必要があるからです。そして当然、CUDAはNVIDIA社のGPUに対して作られています。まずCUDAがサポートしているGPUから選ばないといけません。以下にリストが載っています。

```
https://developer.nvidia.com/cuda-gpus
```

ほとんど何でも動くような感じですが、GeForceシリーズの中から選んでおくのが無難でしょう。次にCompute Capabilityをチェックします。Compute Capabilityというのは、GPUのアーキテクチャのバージョンのようなものです。これも3.0以上のものを選んでおいたほうが無難です。ちなみにGeForce GTX 750TiのCompute Capabilityは、5.0となっています。

12.3 CUDAのインストール

CUDAとは、GPUを使ったプログラムを作るための統合開発環境です。利用者から見れば、GPUを使うOS上のコマンドやライブラリと言えます。ですので、GPUを使うためには、最初にCUDAをインストールしなければなりません。

以下のページからダウンロードします。

```
https://developer.nvidia.com/cuda-downloads
```

プラットホームを選ぶ必要がありますが、Chainerで使うのであれば、図12.1のようにUbuntuかCentOSになります。ここではUbuntu 16.04のdeb（network）形式のものをダウンロードします。

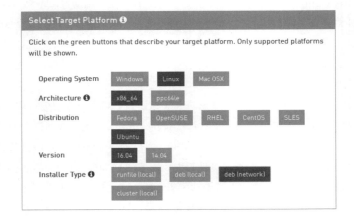

図 12.1　プラットホームの選択

次にインストールです。

```
> sudo dpkg -i cuda-repo-ubuntu1604_8.0.61-1_amd64.deb
> sudo apt-get update
> sudo apt-get install cuda
```

次に環境変数の設定です。.bashrcに以下を追加しました。

12.3 CUDA のインストール

```
export PATH=/usr/local/cuda/bin:$PATH
export LD_LIBRARY_PATH=/usr/local/cuda/lib64:\
/usr/local/cuda/extras/CUPTI/lib64:$LD_LIBRARY_PATH
export CUDA_HOME=/usr/local/cuda
```

念のため再起動してから、sample プログラムをコンパイルして、動作を確認してみます。

```
> cp -r /usr/local/cuda/samples ~
> cd ~/samples
> make
```

かなり時間がかかりますが、終わると以下のディレクトリの下に色々とコマンドが作られています。

~/samples/bin/x86_64/linux/release

例えば deviceQuery などを実行すると、うまく導入できたかどうか確認できます。

```
> ./deviceQuery Starting...

 CUDA Device Query (Runtime API) version (CUDART static linking)

Detected 1 CUDA Capable device(s)

Device 0: "GeForce GTX 750 Ti"
  CUDA Driver Version / Runtime Version          8.0 / 8.0
  CUDA Capability Major/Minor version number:    5.0
  Total amount of global memory:                 1993 MBytes (2089353216 bytes)
  ( 5) Multiprocessors, (128) CUDA Cores/MP:     640 CUDA Cores
  GPU Max Clock rate:                            1084 MHz (1.08 GHz)
  Memory Clock rate:                             2700 Mhz
  Memory Bus Width:                              128-bit
  L2 Cache Size:                                 2097152 bytes
```

```
  ...
>
```

実際に動いているかどうかは、nvidia-smi を実行して、メモリの使用量や温度を見ます。

12.4 cuDNNのインストール

cuDNN は CUDA のライブラリです。DNN（Deep Neural Network）での利用を前提に最適化されています。GPU を Deep Learning の計算で使うためには、cuDNN も導入しておきましょう。Chainer では cuDNN は必須ではありませんが、入れておいたほうがさらに速くなります。

まず必要なファイルをダウンロードするのに NVIDIA のメンバーシップへの登録が必要です。以下のページの「Join now」から登録してください（図 12.2 参照）。

```
https://developer.nvidia.com/cudnn
```

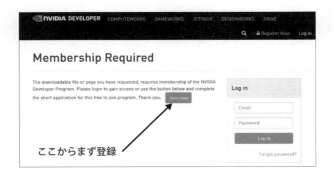

図 12.2　cuDNN の登録とダウンロード

登録後、先のページから login します。Survey のページが開かれますが、適当に答えてもよいでしょう。Framework のところには Chainer もあります。

次に CUDA 8.0 に対する cuDNN の v6.0 を選びます[注2]（図 12.3 参照）。また、その中から「cuDNN v6.0 Library for Linux」を選びます。すると、以下のファイルをダウンロードできます。

```
cudnn-8.0-linux-x64-v6.0.tgz
```

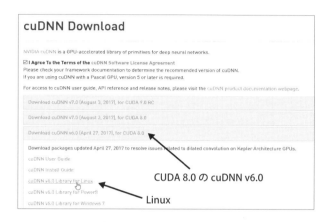

図 12.3　cuDNN の Download

ダウンロードした後はそれを展開して、必要なファイルを適切な場所にコピーすれば完了です。

```
> tar xvfz cudnn-8.0-linux-x64-v6.0.tgz
> sudo cp cuda/include/cudnn.h /usr/local/cuda/include
> sudo cp cuda/lib64/* /usr/local/cuda/lib64
```

12.5　CuPy

CuPy とは CUDA 上で計算を行う NumPy サブセットの Python のライブラリです。多くの NumPy での演算がサポートされており、たいていは np.***の部

注2　これらは最新版ではありませんが、CuPy の対応から現在（2017 年 8 月）はこのバージョンが良いでしょう。

分を cupy.***とするだけで、NumPy で行われる配列計算が GPU を使って行われます。CuPy があれば GPU の利用はかなり簡単です。

Chainer は CuPy を利用することで GPU を利用しています。Chainer の以前のバージョンでは、Chainer をインストールすると一緒に CuPy もインストールされましたが、バージョン 2.0 からは CuPy は Chainer から独立しています。CUDA と cuDNN を導入した後に、pip を使ってインストールします。

```
> pip install cupy
```

CuPy を確認してみましょう。例として 5×5 の行列を作り、その 2 乗を求めてみます。まず NumPy でやってみます。

```
>>> import numpy as np
>>> a = np.arange(25).reshape(5,5)
>>> a.dot(a)
array([[ 150,  160,  170,  180,  190],
       [ 400,  435,  470,  505,  540],
       [ 650,  710,  770,  830,  890],
       [ 900,  985, 1070, 1155, 1240],
       [1150, 1260, 1370, 1480, 1590]])
```

上記を CuPy でやってみます。

```
>>> import chainer
>>> from chainer import cuda
>>> a = cuda.cupy.arange(25).reshape(5,5)
>>> a.dot(a)
array([[ 150,  160,  170,  180,  190],
       [ 400,  435,  470,  505,  540],
       [ 650,  710,  770,  830,  890],
       [ 900,  985, 1070, 1155, 1240],
       [1150, 1260, 1370, 1480, 1590]])
```

np.***の部分を cuda.cupy.***としただけです。これで GPU が使えるので非

12.6 GPU 導入の効果の確認

サンプルプログラムを動かして GPU の効果を確認してみます。使うのは、以下のサイトの学習プログラムです。CNN の解説のときに使った手書き数字のデータセット MNIST に対する識別のネットワークを学習しています。

https://github.com/pfnet/chainer/tree/master/examples/mnist

まず、CPU だけでどれくらい時間がかかるか計ってみます[注3]。

```
> time python train_mnist.py
GPU: -1
# unit: 1000
# Minibatch-size: 100
# epoch: 20

epoch       main/loss    validation/main/loss   main/accuracy   validation/main/accuracy   elapsed_time
1           0.192612     0.0862272              0.941433        0.972                      57.728
2           0.0746776    0.0634705              0.976233        0.9798                     117.437
3           0.0482581    0.0734101              0.984717        0.975                      181.725
4           0.0374138    0.0823231              0.98795         0.9744                     243.243
5           0.0265371    0.0821771              0.991617        0.9768                     305.211
6           0.0267405    0.0836206              0.991283        0.9795                     367.162

...

19          0.00822115   0.156927               0.997717        0.9776                     1244.86
20          0.014137     0.0984956              0.996267        0.9827                     1321

real    22m3.743s
user    31m45.324s
sys     12m12.284s
```

[注3] tain_mnist.py を動かす前に、matplotlib をインストールしておくと、余計な警告が表示されません。

約 22 分（1,320 秒）かかりました。次に、GPU を使って計算してみます。パラメータに-g 0を付けて実行するだけです。

```
> time python train_mnist.py -g 0
GPU: 0
# unit: 1000
# Minibatch-size: 100
# epoch: 20

epoch       main/loss    validation/main/loss  main/accuracy  validation/main/accuracy  elapsed_time
1           0.188569     0.0900678             0.942783       0.973                     4.53424
2           0.074061     0.0758556             0.977332       0.9763                    8.23224
3           0.050062     0.0797191             0.984116       0.9762                    11.9727

 ...

19          0.00936293   0.0911803             0.996999       0.9845                    72.2176
20          0.00839344   0.12886               0.997416       0.978                     75.9781

real    1m19.015s
user    1m19.284s
sys     0m9.032s
```

約 80 秒で終わりました。16 倍以上高速化されたことになります。

12.7 Chainer での GPU の利用方法

GPU を利用するには、突き詰めていけば、行列演算の部分に前述した CuPy を使ったり、CUDA からのライブラリを使ったりする形になるはずです。ただし、実際に Chainer のプログラムで計算時間がかかるのは、勾配を求めたり、パラメータを求めたりするための最適化計算の部分で、しかもこれらは Chainer では隠蔽されているので、利用者が特別 GPU を意識してプログラムを書く必要はありません。Chainer に「GPU を使う」ということを知らせればよいだけです。

Chainer で GPU を使う際の注意点は、以下の 2 つです。

- Variable のオブジェクトは CuPy を使って作る。
- モデルを設定したあとに以下の 2 行を加える。

```
cuda.get_device(0).use()
model.to_gpu()
```

上記の 2 点だけで GPU の恩恵を受けられるでしょう[注4]。

例えば本書で提示した rnn.py を、GPU を使った rnn-gpu.py に改良してみます。rnn.py と rnn-gpu.py の違いは 2 点だけです。最初に以下の宣言をしてから、rnn.py 内の np.** の部分を xp.** に変更します。これが 1 点目です。

rnn-gpu.py

```
xp = cuda.cupy
```

次にモデルを設定する部分に以下のお約束の 2 行を加えます。これが 2 点目です。

rnn-gpu.py

```
model = MyRNN(len(vocab), demb)
cuda.get_device(0).use()      # お約束の2行、ここと
model.to_gpu()                # ここを追加する
optimizer = optimizers.Adam()
optimizer.setup(model)
```

rnn.py はかなり計算時間がかかり、筆者の環境[注5]では、1 epoch の計算に約 195 分かかります。一方 rnn-gpu.py では、1 epoch の計算が約 52 分で済みました。

ただし、GPU を使えば必ず高速化できるというわけではありません。

例えば本書で提示した iris0.py に GPU を使ってみます。変更点は、はじめの

[注4] ただし trainer を使う場合、追加の 2 行は必要ありません。その代わりに StandardUpdater のオプションに device=0 を加えます。
[注5] 本章の実験は、CPU Core i5-661、メモリ 12GB、GPU GTX 75oTi の環境で行いました。

ほうで

iris0-gpu.py

```
xp = cuda.cupy
```

として、NumPyで作られたxtrain、ytrain、xtestをCuPyで作り直すだけです。具体的には、上記の変数が作成されたあとに、以下のように行います。75などと数値が直接出ているのが少々気持ち悪いですが、動きを確認するだけなので問題ありません。

iris0-gpu.py

```
xtrain = xp.array(xtrain).reshape(75,4)
ytrain = xp.array(ytrain).reshape(75,3)
xtest = xp.array(xtest).reshape(75,4)
```

あとは、モデルを設定する部分に以下のお約束の2行を加えるだけです。

iris0-gpu.py

```
model = IrisChain()
cuda.get_device(0).use()      # お約束の2行、ここと
model.to_gpu()                # ここを追加する
optimizer = optimizers.SGD()
optimizer.setup(model)
```

実験してみます。まずCPUだけの場合の計算時間を計ってみます。

```
> time python iris0.py
[ 1.05662465  0.03351259 -0.05291834] 0
 ・・・
[-0.05936611  0.39536244  0.6961993 ] 2
[-0.04859382  0.40891141  0.66708302] 2
73 / 75  =  0.973333333333


real    0m11.588s
```

12.7 Chainer での GPU の利用方法

```
user    0m11.520s
sys     0m0.056s
```

約 11 秒で終了しています。次に、GPU を使った場合の計算時間を計ってみます。

```
> time python iris0-gpu.py
[ 1.06195378   0.03045047 -0.07725054] 0
 ・・・
[-0.057156    0.41385561   0.5571633 ] 2
71 / 75  =  0.946666666667

real    0m27.607s
user    0m27.316s
sys     0m0.276s
```

GPU を使うと約 28 秒、つまり 2 倍以上時間がかかっています。

つまり、GPU を使えば必ず高速化される、というわけではないことがわかります。基本的に、高次元の行列演算が計算のネックになっている場合に GPU の恩恵が受けられます。先の例ではデータが 4 次元なので、このような例に GPU を使っても高速化されるわけではありません。また、単に NumPy を CuPy に置き換えればよいというわけでもありません。GPU のパワーを十分に引き出すためには、やはりそれなりの書き方や Tips があります。Chainer における GPU の利用をさらに知りたければ、Chainer のチュートリアルを熟読するとよいでしょう。

https://docs.chainer.org/en/stable/tutorial/gpu.html

参考文献

Deep Learning 関連の参考文献は非常に多く、細かいものを全て列挙すると大変なので、ここでは本書を書くのに個人的に特に役立ったものだけ挙げることにします。

Chainer に関しては、結局、reference が役に立ちました。

   http://docs.chainer.org/en/stable/reference/index.html

Deep Learning の全体像を知るのに最も役立ったのは、以下の学会誌の記事でした。分散表現の説明はどの文献よりもわかりやすかったです。

- 岡崎直観, "言語処理における分散表現学習のフロンティア", 人工知能学会誌, Vol.31, No.2, pp.189--201 (2016).

また、Chainer の対抗馬の TensorFlow には充実したチュートリアルがあり、そこでのページも参考になりました。

   https://www.tensorflow.org/tutorials/

word2vec に関しては、以下の論文がオリジナルです。

- Tomas Mikolov, Kai Chen, Greg Corrado, and Jeffrey Dean. "Efficient Estimation of Word Representations in Vector Space." arXiv preprint arXiv:1301.3781 (2013).

- Tomas Mikolov, Ilya Sutskever, Kai Chen, Greg Corrado, and Jeffrey Dean. "Distributed Representations of Words and Phrases and their Compositionality." NIPS, pp.3111-3119 (2013).

上の論文を読んでも式の導出はわからないと思います。式の導出は最初に挙げた学会誌の記事と、以下の論文で理解できました。

- Yoav Goldberg and Omer Levy. "word2vec Explained: Deriving Mikolov et al.'s Negative-Sampling Word-Embedding Method." arXiv preprint arXiv:1402.3722 (2014).

RNN や LSTM に関しては 2000 年以前から研究があり、オリジナルからたどると大変です。初期の頃の LSTM と現在の LSTM はかなり違っています。標準的な LSTM の概略を知るには以下のページがわかりやすいです。本書の LSTM ブロックの図もこのページを参考にしました。また、GRU についてもわかりやすく解説しています。

http://colah.github.io/posts/2015-08-Understanding-LSTMs/

TensorFlow の LSTM のチュートリアルでは以下の論文が示されていました。Dropout を使う Tips もそこで紹介されていました。

- Wojciech Zaremba, Ilya Sutskever, and Oriol Vinyals. "Recurrent neural network regularization." arXiv preprint arXiv:1409.2329 (2014).

LSTM は色々なバリエーションがあるのですが、以下の論文で LSTM の歴史も含めてそれらの関係が解説されています。また、結論のまとめ部分で今後の研究に役立つポイントが示されています。

- Klaus Greff, Rupesh Kumar Srivastava, Jan Koutnik, Bas R. Steunebrink, and Jürgen Schmidhuber. "LSTM: A Search Space Odyssey." arXiv preprint

参考文献

arXiv:1503.04069 (2015).

GRU に関しては、以下の論文で提案されました。LSTM との優劣は微妙ですが、GRU のほうが良い結果が出るように思います。

- Kyunghyun Cho et al. "Learning Phrase Representations using RNN Encoder-Decoder for Statistical Machine Translation." arXiv preprint arXiv:1406.1078 (2014).

翻訳モデルに関しては、以下の論文がオリジナルです。

- Ilya Sutskever, Oriol Vinyals, and Quoc V.LE. "Sequence to Sequence Learning with Neural Networks." Advances in neural information processing systems. pp.3104-3112 (2014).

Attention については、以下の論文がオリジナルです。

- Dzmitry Bahdanau, Kyunghyun Cho, and Yoshua Bengio. "NEURAL MACHINE TRANSLATION BY JOINTLY LEARNING TO ALIGN AND TRANSLATE." ICLR (2015).

Attention については現在研究が活発で、色々なネットワークの図があります。上記の論文のものよりも、私自身は、以下の論文の図のほうがわかりやすかったです。本書の説明もこの論文をもとにしました。

- Minh-Thang Luong, Hieu Pham, and Christopher D. Manning. "Effective Approaches to Attention-based Neural Machine Translation," arXiv preprint arXiv:1508.04025 (2015).

ソースプログラム

iris0.py

```python
#!/usr/bin/python
# -*- coding: utf-8 -*-

import numpy as np
import chainer
from chainer import cuda, Function, report, training, utils, Variable
from chainer import datasets, iterators, optimizers, serializers
from chainer import Link, Chain, ChainList
import chainer.functions as F
import chainer.links as L
from chainer.training import extensions

# Set data

from sklearn import datasets
iris = datasets.load_iris()
X = iris.data.astype(np.float32)
Y = iris.target
N = Y.size
Y2 = np.zeros(3 * N).reshape(N,3).astype(np.float32)
for i in range(N):
    Y2[i,Y[i]] = 1.0

index = np.arange(N)
xtrain = X[index[index % 2 != 0],:]
ytrain = Y2[index[index % 2 != 0],:]
xtest = X[index[index % 2 == 0],:]
yans = Y[index[index % 2 == 0]]

# Define model

class IrisChain(Chain):
    def __init__(self):
        super(IrisChain, self).__init__(
            l1=L.Linear(4,6),
            l2=L.Linear(6,3),
```

ソースプログラム

```
        )

    def __call__(self,x,y):
        return F.mean_squared_error(self.fwd(x), y)

    def fwd(self,x):
        h1 = F.sigmoid(self.l1(x))
        h2 = self.l2(h1)
        return h2

# Initialize model

model = IrisChain()
optimizer = optimizers.SGD()
optimizer.setup(model)

# Learn

for i in range(10000):
    x = Variable(xtrain)
    y = Variable(ytrain)
    model.cleargrads()
    loss = model(x,y)
    loss.backward()
    optimizer.update()

# Test

xt = Variable(xtest)
yy = model.fwd(xt)

ans = yy.data
nrow, ncol = ans.shape
ok = 0
for i in range(nrow):
    cls = np.argmax(ans[i,:])
    print ans[i,:], cls
    if cls == yans[i]:
        ok += 1

print ok, "/", nrow, " = ", (ok * 1.0)/nrow
```

iris0-trainer.py

```
#!/usr/bin/python
# -*- coding: utf-8 -*-

import numpy as np
import chainer
from chainer import cuda, Function, report, training, utils, Variable
from chainer import datasets, iterators, optimizers, serializers
from chainer import Link, Chain, ChainList
import chainer.functions as F
```

```python
import chainer.links as L
from chainer.datasets import tuple_dataset
from chainer import training
from chainer.training import extensions

# Set data

from sklearn import datasets
iris = datasets.load_iris()
X = iris.data.astype(np.float32)
Y = iris.target
N = Y.size
Y2 = np.zeros(3 * N).reshape(N,3).astype(np.float32)
for i in range(N):
    Y2[i,Y[i]] = 1.0

index = np.arange(N)
xtrain = X[index[index % 2 != 0],:]
ytrain = Y2[index[index % 2 != 0],:]
xtest = X[index[index % 2 == 0],:]
yans = Y[index[index % 2 == 0]]

train = tuple_dataset.TupleDataset(xtrain, ytrain)

# Define model

class IrisChain(Chain):
    def __init__(self):
        super(IrisChain, self).__init__(
            l1=L.Linear(4,6),
            l2=L.Linear(6,3),
        )

    def __call__(self,x,y):
        return F.mean_squared_error(self.fwd(x), y)

    def fwd(self,x):
        h1 = F.sigmoid(self.l1(x))
        h2 = self.l2(h1)
        return h2

# Initialize model

model = IrisChain()
optimizer = optimizers.SGD()
optimizer.setup(model)

# learn by trainer

iterator = iterators.SerialIterator(train, 25)
updater = training.StandardUpdater(iterator, optimizer)
trainer = training.Trainer(updater, (5000, 'epoch'))
trainer.extend(extensions.ProgressBar())
trainer.run()

# Test
```

ソースプログラム

```python
xt = Variable(xtest)
yy = model.fwd(xt)

ans = yy.data
nrow, ncol = ans.shape
ok = 0
for i in range(nrow):
    cls = np.argmax(ans[i,:])
    print ans[i,:], cls
    if cls == yans[i]:
        ok += 1

print ok, "/", nrow, " = ", (ok * 1.0)/nrow
```

iris0-iterator.py

```python
#!/usr/bin/python
# -*- coding: utf-8 -*-

import numpy as np
import chainer
from chainer import cuda, Function, report, training, utils, Variable
from chainer import datasets, iterators, optimizers, serializers
from chainer import Link, Chain, ChainList
import chainer.functions as F
import chainer.links as L
from chainer.datasets import tuple_dataset
from chainer import training
from chainer.training import extensions

# Set data

from sklearn import datasets
iris = datasets.load_iris()
X = iris.data.astype(np.float32)
Y = iris.target
N = Y.size
Y2 = np.zeros(3 * N).reshape(N,3).astype(np.float32)
for i in range(N):
    Y2[i,Y[i]] = 1.0

index = np.arange(N)
xtrain = X[index[index % 2 != 0],:]
ytrain = Y2[index[index % 2 != 0],:]
xtest = X[index[index % 2 == 0],:]
yans = Y[index[index % 2 == 0]]

train = tuple_dataset.TupleDataset(xtrain, ytrain)

# Define model

class IrisChain(Chain):
```

```python
    def __init__(self):
        super(IrisChain, self).__init__(
            l1=L.Linear(4,6),
            l2=L.Linear(6,3),
        )

    def __call__(self,x,y):
        return F.mean_squared_error(self.fwd(x), y)

    def fwd(self,x):
        h1 = F.sigmoid(self.l1(x))
        h2 = self.l2(h1)
        return h2

# Initialize model

model = IrisChain()
optimizer = optimizers.SGD()
optimizer.setup(model)

# Learn

def decomp(batch, batchsize):
    x = []
    t = []
    for j in range(batchsize):
        x.append(batch[j][0])
        t.append(batch[j][1])
    return Variable(np.array(x)), Variable(np.array(t))

bsize = 25
for n in range(5000):
    for bd in iterators.SerialIterator(train, bsize, repeat=False):
        x, t = decomp(bd, bsize)
        model.cleargrads()
        loss = model(x, t)
        loss.backward()
        optimizer.update()

# Test

xt = Variable(xtest)
yy = model.fwd(xt)

ans = yy.data
nrow, ncol = ans.shape
ok = 0
for i in range(nrow):
    cls = np.argmax(ans[i,:])
    print ans[i,:], cls
    if cls == yans[i]:
        ok += 1

print ok, "/", nrow, " = ", (ok * 1.0)/nrow
```

ソースプログラム

mnist-cnn.py

```python
#!/usr/bin/python
# -*- coding: utf-8 -*-

import numpy as np
import chainer
from chainer import cuda, Function, report, training, utils, Variable
from chainer import datasets, iterators, optimizers, serializers
from chainer import Link, Chain, ChainList
import chainer.functions as F
import chainer.links as L
from chainer.datasets import tuple_dataset
from chainer import training
from chainer.training import extensions

train, test = datasets.get_mnist(ndim=3)

class MyModel(Chain):
    def __init__(self):
        super(MyModel, self).__init__(
            cn1=L.Convolution2D(1,20,5),
            cn2=L.Convolution2D(20,50,5),
            l1=L.Linear(800,500),
            l2=L.Linear(500,10),
        )

    def __call__(self, x,t):
        return F.softmax_cross_entropy(self.fwd(x),t)

    def fwd(self, x):
        h1 = F.max_pooling_2d(F.relu(self.cn1(x)),2)
        h2 = F.max_pooling_2d(F.relu(self.cn2(h1)),2)
        h3 = F.dropout(F.relu(self.l1(h2)))
        return self.l2(h3)

model = MyModel()
optimizer = optimizers.Adam()
optimizer.setup(model)

iterator = iterators.SerialIterator(train, 1000)
updater = training.StandardUpdater(iterator, optimizer)
trainer = training.Trainer(updater, (10, 'epoch'))
trainer.extend(extensions.ProgressBar())

trainer.run()

ok = 0
for i in range(len(test)):
    x = Variable(np.array([ test[i][0] ], dtype=np.float32))
    t = test[i][1]
    out = model.fwd(x)
    ans = np.argmax(out.data)
    if (ans == t):
        ok += 1
```

```python
print (ok * 1.0)/len(test)
```

w2v.py

```python
#!/usr/bin/python
# -*- coding: utf-8 -*-

import numpy as np
import chainer
from chainer import cuda, Function, Variable, optimizers, serializers, utils
from chainer import Link, Chain, ChainList
import chainer.functions as F
import chainer.links as L

from chainer.utils import walker_alias
import collections

# Set data

index2word = {}
word2index = {}
counts = collections.Counter()
dataset = []
with open('ptb.train.txt') as f:
    for line in f:
        for word in line.split():
            if word not in word2index:
                ind = len(word2index)
                word2index[word] = ind
                index2word[ind] = word
            counts[word2index[word]] += 1
            dataset.append(word2index[word])

n_vocab = len(word2index)
datasize = len(dataset)

cs = [counts[w] for w in range(len(counts))]
power = np.float32(0.75)
p = np.array(cs, power.dtype)
sampler = walker_alias.WalkerAlias(p)

# Define model

class MyW2V(chainer.Chain):
    def __init__(self, n_vocab, n_units):
        super(MyW2V, self).__init__(
            embed=L.EmbedID(n_vocab, n_units),
        )
    def __call__(self, xb, yb, tb):
        xc = Variable(np.array(xb, dtype=np.int32))
        yc = Variable(np.array(yb, dtype=np.int32))
        tc = Variable(np.array(tb, dtype=np.int32))
```

ソースプログラム

```python
        fv = self.fwd(xc,yc)
        return F.sigmoid_cross_entropy(fv, tc)
    def fwd(self, x, y):
        xv = self.embed(x)
        yv = self.embed(y)
        return F.sum(xv * yv, axis=1)

# my functions

ws = 3         ### window size
ngs = 5        ### negative sample size

def mkbatset(dataset, ids):
    xb, yb, tb = [], [], []
    for pos in ids:
        xid = dataset[pos]
        for i in range(1,ws):
            p = pos - i
            if p >= 0:
                xb.append(xid)
                yid = dataset[p]
                yb.append(yid)
                tb.append(1)
                for nid in sampler.sample(ngs):
                    xb.append(yid)
                    yb.append(nid)
                    tb.append(0)
            p = pos + i
            if p < datasize:
                xb.append(xid)
                yid = dataset[p]
                yb.append(yid)
                tb.append(1)
                for nid in sampler.sample(ngs):
                    xb.append(yid)
                    yb.append(nid)
                    tb.append(0)
    return [xb, yb, tb]

# Initialize model

demb = 100
model = MyW2V(n_vocab, demb)
optimizer = optimizers.Adam()
optimizer.setup(model)

# Learn

bs = 100
for epoch in range(10):
    print('epoch: {0}'.format(epoch))
    indexes = np.random.permutation(datasize)
    for pos in range(0, datasize, bs):
        print epoch, pos
        ids = indexes[pos:(pos+bs) if (pos+bs) < datasize else datasize]
        xb, yb, tb = mkbatset(dataset, ids)
```

```
        model.cleargrads()
        loss = model(xb, yb, tb)
        loss.backward()
        optimizer.update()

# Save model

with open('myw2v.model', 'w') as f:
    f.write('%d %d\n' % (len(index2word), 100))
    w = model.embed.W.data
    for i in range(w.shape[0]):
        v = ' '.join(['%f' % v for v in w[i]])
        f.write('%s %s\n' % (index2word[i], v))
```

rnn.py

```
#!/usr/bin/python
# -*- coding: utf-8 -*-

import numpy as np
import chainer
from chainer import cuda, Function, Variable, optimizers, serializers, utils
from chainer import Link, Chain, ChainList
import chainer.functions as F
import chainer.links as L

# Set data

vocab = {}

def load_data(filename):
    global vocab
    words = open(filename).read().replace('\n', '<eos>').strip().split()
    dataset = np.ndarray((len(words),), dtype=np.int32)
    for i, word in enumerate(words):
        if word not in vocab:
            vocab[word] = len(vocab)
        dataset[i] = vocab[word]
    return dataset

train_data = load_data('ptb.train.txt')
eos_id = vocab['<eos>']

# Define model

class MyRNN(chainer.Chain):
    def __init__(self, v, k):
        super(MyRNN, self).__init__(
            embed = L.EmbedID(v, k),
            H     = L.Linear(k, k),
            W     = L.Linear(k, v),
        )
    def __call__(self, s):
```

ソースプログラム

```python
        accum_loss = None
        v, k = self.embed.W.data.shape
        h = Variable(np.zeros((1,k), dtype=np.float32))
        for i in range(len(s)):
            next_w_id = eos_id if (i == len(s) - 1) else s[i+1]
            tx = Variable(np.array([next_w_id], dtype=np.int32))
            x_k = self.embed(Variable(np.array([s[i]], dtype=np.int32)))
            h = F.tanh(x_k + self.H(h))
            loss = F.softmax_cross_entropy(self.W(h), tx)
            accum_loss = loss if accum_loss is None else accum_loss + loss
        return accum_loss

# Initialize model

demb = 100
model = MyRNN(len(vocab), demb)
optimizer = optimizers.Adam()
optimizer.setup(model)

# Learn and Save

for epoch in range(5):
    s = []
    for pos in range(len(train_data)):
        id = train_data[pos]
        s.append(id)
        if (id == eos_id):
            model.cleargrads()
            loss = model(s)
            loss.backward()
            optimizer.update()
            s = []
        if (pos % 100 == 0):
            print pos, "/", len(train_data)," finished"
    outfile = "myrnn-" + str(epoch) + ".model"
    serializers.save_npz(outfile, model)
```

lstm2.py

```python
#!/usr/bin/python
# -*- coding: utf-8 -*-

import numpy as np
import chainer
from chainer import cuda, Function, Variable, optimizers, serializers, utils
from chainer import Link, Chain, ChainList
import chainer.functions as F
import chainer.links as L

vocab = {}

def load_data(filename):
    global vocab
```

```
        words = open(filename).read().replace('\n', '<eos>').strip().split()
        dataset = np.ndarray((len(words),), dtype=np.int32)
        for i, word in enumerate(words):
            if word not in vocab:
                vocab[word] = len(vocab)
            dataset[i] = vocab[word]
        return dataset

train_data = load_data('ptb.train.txt')
eos_id = vocab['<eos>']

class MyLSTM(chainer.Chain):
    def __init__(self, v, k):
        super(MyLSTM, self).__init__(
            embed = L.EmbedID(v, k),
            H     = L.LSTM(k, k),
            W     = L.Linear(k, v),
        )
    def __call__(self, s):
        accum_loss = None
        v, k = self.embed.W.data.shape
        self.H.reset_state()
        for i in range(len(s)):
            next_w_id = eos_id if (i == len(s) - 1) else s[i+1]
            tx = Variable(np.array([next_w_id], dtype=np.int32))
            x_k = self.embed(Variable(np.array([s[i]], dtype=np.int32)))
            y = self.H(x_k)
            loss = F.softmax_cross_entropy(self.W(y), tx)
            accum_loss = loss if accum_loss is None else accum_loss + loss
        return accum_loss

demb = 100
model = MyLSTM(len(vocab), demb)
optimizer = optimizers.Adam()
optimizer.setup(model)

for epoch in range(5):
    s = []
    for pos in range(len(train_data)):
        id = train_data[pos]
        s.append(id)
        if (id == eos_id):
            model.cleargrads()
            loss = model(s)
            loss.backward()
            if (len(s) > 29):
                loss.unchain_backward()   # truncate
            optimizer.update()
            s = []
        if (pos % 100 == 0):
            print pos, "/", len(train_data)," finished"
    outfile = "lstm2-" + str(epoch) + ".model"
    serializers.save_npz(outfile, model)
```

nsteplstm.py

```python
#!/usr/bin/python
# -*- coding: utf-8 -*-

import numpy as np
import chainer
from chainer import cuda, Function, Variable, optimizers, serializers, utils
from chainer import Link, Chain, ChainList
import chainer.functions as F
import chainer.links as L

vocab = {}

def load_data(filename):
    global vocab
    words = open(filename).read().replace('\n', '<eos>').strip().split()
    dataset = np.ndarray((len(words),), dtype=np.int32)
    for i, word in enumerate(words):
        if word not in vocab:
            vocab[word] = len(vocab)
        dataset[i] = vocab[word]
    return dataset

train_data = load_data('ptb.train.txt')
eos_id = vocab['<eos>']

class MyLSTM(chainer.Chain):
    def __init__(self, lay, v, k, dout):
        super(MyLSTM, self).__init__(
            embed = L.EmbedID(v, k),
            H = L.NStepLSTM(lay, k, k, dout),
            W = L.Linear(k, v),
        )
    def __call__(self, hx, cx, xs, t):
        accum_loss = None
        xembs = [ self.embed(x) for x in xs ]
        xss = tuple(xembs)
        hy, cy, ys = self.H(hx, cx, xss)
        y = [self.W(item) for item in ys]
        for i in range(len(y)):
            tx = Variable(np.array(t[i], dtype=np.int32))
            loss = F.softmax_cross_entropy(y[i], tx)
            accum_loss = loss if accum_loss is None else accum_loss + loss
        return accum_loss

demb = 100
model = MyLSTM(2, len(vocab),  demb,   0.5)
optimizer = optimizers.Adam()
optimizer.setup(model)

bc = 0
xs = []
t = []
for epoch in range(5):
```

```
        s = []
        for pos in range(len(train_data)):
            id = train_data[pos]
            if (id != eos_id):
                s += [ id ]
            else:
                bc += 1
                next_s = s[1:]
                next_s += [ eos_id ]
                xs += [ np.asarray(s, dtype=np.int32) ]
                t += [ np.asarray(next_s, dtype=np.int32) ]
                s = []
                if (bc == 10):
                    model.cleargrads()
                    hx = chainer.Variable(np.zeros((2, len(xs), demb), dtype=np.float32))
                    cx = chainer.Variable(np.zeros((2, len(xs), demb), dtype=np.float32))
                    loss = model(hx, cx, xs, t)
                    loss.backward()
                    optimizer.update()
                    xs = []
                    t = []
                    bc = 0
            if (pos % 100 == 0):
                print pos, "/", len(train_data)," finished"
        outfile = "nsteplstm-" + str(epoch) + ".model"
        serializers.save_npz(outfile, model)
```

mt.py

```
#!/usr/bin/python
# -*- coding: utf-8 -*-

import numpy as np
import chainer
from chainer import cuda, Function, Variable, optimizers, serializers, utils
from chainer import Link, Chain, ChainList
import chainer.functions as F
import chainer.links as L

jvocab = {}
jlines = open('jp.txt').read().split('\n')
for i in range(len(jlines)):
    lt = jlines[i].split()
    for w in lt:
        if w not in jvocab:
            jvocab[w] = len(jvocab)

jvocab['<eos>'] = len(jvocab)
jv = len(jvocab)

evocab = {}
id2wd = {}
elines = open('eng.txt').read().split('\n')
for i in range(len(elines)):
```

ソースプログラム

```python
        lt = elines[i].split()
        for w in lt:
            if w not in evocab:
                id = len(evocab)
                evocab[w] = id
                id2wd[id] = w
id = len(evocab)
evocab['<eos>'] = id
id2wd[id] = '<eos>'
ev = len(evocab)

class MyMT(chainer.Chain):
    def __init__(self, jv, ev, k):
        super(MyMT, self).__init__(
            embedx = L.EmbedID(jv, k),
            embedy = L.EmbedID(ev, k),
            H = L.LSTM(k, k),
            W = L.Linear(k, ev),
        )
    def __call__(self, jline, eline):
        self.H.reset_state()
        for i in range(len(jline)):
            wid = jvocab[jline[i]]
            x_k = self.embedx(Variable(np.array([wid], dtype=np.int32)))
            h = self.H(x_k)
        x_k = self.embedx(Variable(np.array([jvocab['<eos>']], dtype=np.int32)))
        tx = Variable(np.array([evocab[eline[0]]], dtype=np.int32))
        h = self.H(x_k)
        accum_loss = F.softmax_cross_entropy(self.W(h), tx)
        for i in range(len(eline)):
            wid = evocab[eline[i]]
            x_k = self.embedy(Variable(np.array([wid], dtype=np.int32)))
            next_wid = evocab['<eos>']  if (i == len(eline) - 1) else evocab[eline[i+1]]
            tx = Variable(np.array([next_wid], dtype=np.int32))
            h = self.H(x_k)
            loss = F.softmax_cross_entropy(self.W(h), tx)
            accum_loss += loss
        return accum_loss

demb = 100
model = MyMT(jv, ev, demb)
optimizer = optimizers.Adam()
optimizer.setup(model)

for epoch in range(100):
    for i in range(len(jlines)-1):
        jln = jlines[i].split()
        jlnr = jln[::-1]
        eln = elines[i].split()
        model.H.reset_state()
        model.cleargrads()
        loss = model(jlnr, eln)
        loss.backward()
        loss.unchain_backward()   # truncate
        optimizer.update()
```

```
        print i, " finished"
    outfile = "mt-" + str(epoch) + ".model"
    serializers.save_npz(outfile, model)
```

caffe.py

```
#!/usr/bin/python
# -*- coding: utf-8 -*-

import numpy as np
import chainer
from chainer import cuda, Function, Variable, optimizers, serializers, utils
from chainer import Link, Chain, ChainList
import chainer.functions as F
import chainer.links as L
from chainer.links import caffe
from PIL import Image

image = Image.open('mydog.jpg').convert('RGB')

fixed_w, fixed_h = 224, 224
w, h = image.size
if w > h:
        shape = (fixed_w * w / h, fixed_h)
else:
        shape = (fixed_w, fixed_h * h / w)

left = (shape[0] - fixed_w) / 2
top = (shape[1] - fixed_h) / 2
right = left + fixed_w
bottom = top + fixed_h
image = image.resize(shape)
image = image.crop((left, top, right, bottom))
x_data = np.asarray(image).astype(np.float32)
x_data = x_data.transpose(2,0,1)
x_data = x_data[::-1,:,:]

mean_image = np.zeros(3*224*224).reshape(3, 224, 224).astype(np.float32)
mean_image[0] = 103.0
mean_image[1] = 117.0
mean_image[2] = 123.0

x_data -= mean_image
x_data = np.array([ x_data ])

x = chainer.Variable(x_data)
func = caffe.CaffeFunction('bvlc_googlenet.caffemodel')
y, = func(inputs={'data': x}, outputs=['loss3/classifier'])

prob = F.softmax(y)
labels = open('labels.txt').read().split('\n')
maxid = np.argmax(prob.data[0])
print labels[maxid], prob.data[0,maxid]
```

ソースプログラム

iris0-gpu.py

```python
#!/usr/bin/python
# -*- coding: utf-8 -*-

import numpy as np
import chainer
from chainer import cuda, Function, Variable, optimizers, serializers, utils
from chainer import Link, Chain, ChainList
import chainer.functions as F
import chainer.links as L

xp = cuda.cupy    ## added

# Set data

from sklearn import datasets
iris = datasets.load_iris()
X = iris.data.astype(np.float32)
Y = iris.target
N = Y.size
Y2 = np.zeros(3 * N).reshape(N,3).astype(np.float32)
for i in range(N):
    Y2[i,Y[i]] = 1.0

index = np.arange(N)
xtrain = X[index[index % 2 != 0],:]
ytrain = Y2[index[index % 2 != 0],:]
xtest = X[index[index % 2 == 0],:]
yans = Y[index[index % 2 == 0]]

xtrain = xp.array(xtrain).reshape(75,4)   ## added
ytrain = xp.array(ytrain).reshape(75,3)   ## added
xtest = xp.array(xtest).reshape(75,4)     ## added

# Define model

class IrisChain(Chain):
    def __init__(self):
        super(IrisChain, self).__init__(
            l1=L.Linear(4,6),
            l2=L.Linear(6,3),
        )

    def __call__(self,x,y):
        return F.mean_squared_error(self.fwd(x), y)

    def fwd(self,x):
        h1 = F.sigmoid(self.l1(x))
        h2 = self.l2(h1)
        return h2

# Initialize model

model = IrisChain()
```

```
cuda.get_device(0).use()        ## added
model.to_gpu()                  ## added
optimizer = optimizers.SGD()
optimizer.setup(model)

# Learn
for i in range(10000):
    x = Variable(xtrain)
    y = Variable(ytrain)
    model.cleargrads()
    loss = model(x,y)
    loss.backward()
    optimizer.update()

# Test

xt = Variable(xtest)
yy = model.fwd(xt)
ans = yy.data
nrow, ncol = ans.shape
ok = 0
for i in range(nrow):
    cls = np.argmax(ans[i,:])
    print ans[i,:], cls
    if cls == yans[i]:
        ok += 1

print ok, "/", nrow, " = ", (ok * 1.0)/nrow
```

索　引

■数字・記号
__call__ 39
__init__ 38

■A
Adam 40
Alias method 87
astype 33
Attention 142
AutoEncoder 60
axis=0 14
axis=1 14

■B
backward() 35
bag of word 78
BOW 78

■C
Caffe 150
caffe.CaffeFunction 150
CBOW 80
Chain 37
CNN 66
Compute Capability 163
continuous BOW モデル 80
Convolution2D 73
cross entropy 50
CUDA 163
cuda.get_device(0).use() 170
cuDNN 166
CuPy 167

■D
data 33
datasets.get_mnist 71
Denoising AutoEncoder 63
deviceQuery 165

■E
Encoder-Decoder 翻訳モデル 134

■F
F.cos 35
F.dropout 117
F.mean_squared_error 39
F.negative_sampling 91
F.sigmoid 35
F.sigmoid_cross_entropy 88
F.sin 35
F.softmax 49
F.softmax_cross_entropy 50
functions 35

■G
GeForce シリーズ 163
GoogLeNet 157
GPU 162
grad 35
GRU 123

■I
ignore_label 125
Iris データ 43
iterators 57

■L
L.EmbedID 84
L.GRU 123
L.Linear 36
L.LSTM 120
L.NegativeSampling 91
L.StatefulGRU 123
links 36
loss.backward() 40
LSTM 106
LSTM ブロック 106

索引

■ M
max_pooling_2d 73
MNIST 169
model.to_gpu() 170

■ N
Negative Sampling 80
np.arange 7
np.argmax 46
np.array 6
np.copy 12
np.dot 15
np.empty 9
np.float32 33
np.hstack 10
np.identity 10
np.int32 33
np.load 17
np.loadtxt 17
np.mean 13
np.ones 8
np.random.binomial 9
np.random.normal 9
np.random.permutation 9
np.random.poisson 9
np.random.randn 9
np.random.shuffle 10
np.random.uniform 9
np.save 17
np.savetxt 17
np.sum 13
np.vstack 10
np.zeros 8
NStepLSTM 128
NumPy 6
numpy 6
NVIDIA Developer 166
NVIDIA GeForce GTX 750Ti 163
nvidia-smi 166

■ O
optimizers 39
optimizers.update 40

■ P
pickle 16
pickle.dump 16
pickle.load 17
PIL 153
Pillow 153

■ R
Recurrent Neural Network 94
Recursive Neural Network 94
reset_state 121
reshape 7
RNN 94
RNNLM 96

■ S
scikit-learn 44
SerialIterator 56
serializers.load_npz 18
serializers.save_npz 18
SG 80
SGD 23
shape 8
size 8
skip-gram モデル 80

■ T
Trainer 54
trainer.extended 56
trainer.run 56
TupleDataset 55

■ U
unchain_backward 116

■ V
Variable 33
volatile 46

■ W
word2vec 78

■ あ行
アライメント 142

索 引

エントロピー 102

オンライン学習 26

■か行
ガウスノイズ 64
学習率 24
確率的勾配降下法 23
活性化関数 21

記憶セル 106
逆行列 15
行列式 15

訓練データ 23

計算グラフ 30
言語モデル 96

合成関数 30
恒等関数 23
勾配消失問題 99
誤差逆伝播法 25
誤差の累積 48
固有値 15

■さ行
最急降下法 23

塩胡椒ノイズ 64
シグモイド関数 21
次元縮約 60
出力ゲート 106
出力層 20

スライス 11

線形作用素 36

■た行
畳み込み 67
中間層 20
長期依存 105

転置行列 15

■な行
入力ゲート 106
入力層 20

ノイズ分布 81

■は行
パープレキシティ 102
バイアス 20
バッチ学習 26

フィルター 67
プーリング 70
分散表現 78
分布仮説 78
分類問題 27

平均画像 155

忘却ゲート 106
翻訳モデル 134

■ま行
ミニバッチ 26

■ら行
ロジスティック回帰 51

〈著者略歴〉

新 納 浩 幸（しんのう　ひろゆき）

1961 年生まれ。
1985 年　東京工業大学理学部情報科学科卒業
1987 年　東京工業大学大学院理工学研究科情報科学専攻修士課程修了
現在、茨城大学工学部情報工学科教授、博士（工学）。専門は自然言語処理。

〈主な著書〉

『ニューラルネットワーク自作入門』（Tariq Rashid 著）監修・翻訳　マイナビ出版（2017）
『Chainer による実践深層学習』オーム社（2016）
『R で学ぶクラスタ解析』オーム社（2007）
『入門 Common Lisp―関数型 4 つの特徴と λ 計算』毎日コミュニケーションズ（2006）
『Excel で学ぶ確率論』オーム社（2004）
『入門 RSS―Web における効率のよい情報収集 / 発信』
毎日コミュニケーションズ（2004）
『数理統計学の基礎―よくわかる予測と確率変数』森北出版（2004）

- 本書の内容に関する質問は、オーム社書籍編集局「（書名を明記）」係宛に、書状またはFAX（03-3293-2824）、E-mail（shoseki@ohmsha.co.jp）にてお願いします。お受けできる質問は本書で紹介した内容に限らせていただきます。なお、電話での質問にはお答えできませんので、あらかじめご了承ください。
- 万一、落丁・乱丁の場合は、送料当社負担でお取替えいたします。当社販売課宛にお送りください。
- 本書の一部の複写複製を希望される場合は、本書扉裏を参照してください。
[JCOPY] <（社）出版者著作権管理機構　委託出版物>

Chainer v2 による実践深層学習

平成 29 年 9 月 20 日　第 1 版第 1 刷発行
平成 29 年 12 月 30 日　第 1 版第 2 刷発行

著　　者　新 納 浩 幸
発 行 者　村 上 和 夫
発 行 所　株式会社 オ ー ム 社
　　　　　郵便番号　101-8460
　　　　　東京都千代田区神田錦町 3-1
　　　　　電話　03(3233)0641（代表）
　　　　　URL　http://www.ohmsha.co.jp/

© 新納浩幸 2017

組版　トップスタジオ　　印刷・製本　三美印刷
ISBN978-4-274-22107-1　Printed in Japan

関連書籍のご案内

機械学習をはじめよう！

機械学習の諸分野をわかりやすく解説した一冊！

本書は人工知能研究における機械学習の諸分野をわかりやすく解説し、それらの知識を前提として深層学習とは何かを示します。具体的な処理手続きやプログラム例（C言語）を適宜示すことで、これらの技術がどのようなものなのかを具体的に理解できるように紹介します。

本書で紹介したサンプルプログラムとデータファイルは、弊社ホームページにてダウンロード可能です。

【こんな方におすすめ！】
初級プログラマ・ソフトウェアの初級開発者（生命のシミュレーション等）・経営システム工学科・情報工学科の学生、深層学習の基礎理論に興味がある方

- 小高 知宏 著
- A5判・232頁
- 定価(本体2,600円+税)

主要目次
- 第1章　機械学習とは
- 第2章　機械学習の基礎
- 第3章　群知能と進化的手法
- 第4章　ニューラルネット
- 第5章　深層学習

進化計算とニューロネットワークが理解でき、話題の深層学習も学べる！

本書は、ディープラーニングの基礎となるニューラルネットワークの理論的背景から人工知能との関わり、最近の進展や成果、課題にいたるまでを詳しく説明します。

「進化」と「学習」をキーワードとして、人工知能の実現へのアプローチや知能の創発・ニューラルネットや進化計算による学習の基礎・進化計算を用いた深層学習への取り組みがわかる一冊です。

【こんな方におすすめ！】
人工知能の初級研究者・初級プログラマ・ソフトウェアの初級開発者（生命のシミュレーション等）・情報処理系の学生・深層学習の基礎理論に興味がある方

- 伊庭 斉志 著
- A5判・192頁
- 定価(本体2,700円+税)

主要目次
- 第1章　進化計算入門
- 第2章　ニューラルネットワークと学習
- 第3章　深層学習（ディープラーニング）
- 第4章　進化するネットワーク
- 第5章　知能の創発

もっと詳しい情報をお届けできます。
※書店に商品がない場合または直接ご注文の場合も右記宛にご連絡ください。

ホームページ　http://www.ohmsha.co.jp/
TEL/FAX　TEL.03-3233-0643　FAX.03-3233-3440

(定価は変更される場合があります)